MANUEL

DES

VICES RÉDHIBITOIRES

DES ANIMAUX DOMESTIQUES

COMMENTAIRE THÉORIQUE ET PRATIQUE DE LA LOI DU 2 AOUT 1884

AVEC LES MODIFICATIONS QUE LA LOI DU 31 JUILLET 1895 Y A APPORTÉES

et un Formulaire complet de tous actes et formalités

Comprenant en outre, les règles à suivre pour les Vices rédhibitoires des *Animaux non compris dans la loi du 2 août 1884* et les *Questions pratiques et professionnelles interessant* les *Vétérinaires*.

Ouvrage adopté par le Ministre de la Guerre pour les dépôts de Remonte et les Bibliothèques de garnison, honoré des souscriptions des Ministères de l'Agriculture, de l'intérieur et du Conseil général de la Seine, des Chambres d'Avoués, d'Agréés et d'Huissiers de Paris et honoré d'une Médaille décornée à l'auteur par la Société nationale d'Agriculture de France.

TROISIÈME ÉDITION

Par Émile LE PELLETIER, 

Avocat à la Cour de Paris,
Juge de paix suppléant du VIIe arrondissement,
Collaborateur à la *Presse Vétérinaire*.

PARIS

MARCHAL & BILLARD,

LIBRAIRES DE LA COUR DE CASSATION

27, Place Dauphine, 27.

G. BÉZINE ET Cie	LIBRAIRIE AGRICOLE
DROGUERIE VÉTÉRINAIRE	DE LA MAISON RUSTIQUE
20, rue Lebrun.	Rue Jacob, 26

1902

MANUEL

DES

VICES RÉDHIBITOIRES

DES ANIMAUX DOMESTIQUES

MANUEL

DES

VICES RÉDHIBITOIRES

DES ANIMAUX DOMESTIQUES

COMMENTAIRE THÉORIQUE ET PRATIQUE DE LA LOI DU 2 AOUT 1884

AVEC LES MODIFICATIONS QUE LA LOI DU 31 JUILLET 1895 Y A APPORTÉES

et un Formulaire complet de tous actes et formalités

Comprenant en outre, les règles à suivre pour les Vices rédhibitoires des *Animaux non compris dans la loi du 2 août 1884* et les *Questions pratiques et professionnelles intéressant les Vétérinaires.*

Ouvrage adopté par le Ministre de la Guerre pour les dépôts de Remonte et les Bibliothèques de garnison, honoré des souscriptions des Ministères de l'Agriculture, de l'intérieur et du Conseil général de la Seine, des Chambres d'Avoués, d'Agréés et d'Huissiers de Paris et honoré d'une Médaille décornée à l'auteur par la Société nationale d'Agriculture de France.

TROISIÈME ÉDITION

Par Émile LE PELLETIER, 🏵, 🎖,

Avocat à la Cour de Paris,
Juge de paix suppléant du VIIᵉ arrondissement,
Collaborateur à la *Presse Vétérinaire.*

PARIS
MARCHAL & BILLARD,
LIBRAIRES DE LA COUR DE CASSATION
27, Place Dauphine, 27.

G. BÉZINE ᴇᴛ Cⁱᵒ	**LIBRAIRIE AGRICOLE**
DROGUERIE VÉTÉRINAIRE	DE LA MAISON RUSTIQUE
20, rue Lebrun.	Rue Jacob, 26

PRÉFACE

——

Ce livre a été conçu et composé en vue de ramener à des principes certains l'application d'une loi spéciale qui, à défaut de ces principes, aurait continué à être dépourvue de toute certitude juridique.

Attaché en 1869 à la rédaction du *Cocher Français*, journal hebdomadaire qui avait pour but de vulgariser toutes les notions concernant le cheval, je fus frappé des nombreuses difficultés auxquelles les vices rédhibitoires donnaient lieu.

Cette partie de notre droit étant peu connue, je me consacrai à faire ressortir les principes, sur lesquels, était fondée la loi du 20 mai 1838 qui régissait, alors, les vices rédhibitoires pour les espèces chevaline, asine, bovine et ovine.

Collaborateur à la *Presse vétérinaire*, grâce à son éminent rédacteur en chef, M. Garnier qui joint à la science vétérinaire, la science du droit, j'ai été tenu au courant de toutes les questions qu'il importait de résoudre.

a.

Ainsi s'explique l'empressement avec lequel mon ouvrage fut accueilli.

Aujourd'hui se publie sa troisième édition.

Elle comprend un commentaire théorique et pratique de la loi du 2 août 1884, les règles à suivre pour les vices rédhibitoires des animaux non compris dans cette loi, la solution des questions pratiques intéressant les vétérinaires et les formules des actes à signifier et des formalités à accomplir.

Trois tables complètent l'ouvrage; la première, celle des formules, la seconde, celle des décisions citées ou reproduites.

La troisième consiste dans une table générale alphabéthique et analytique de toutes les matières.

Nous avons cru devoir maintenir dans cette troisième édition, les décisions de principe que nous avons rapportées sous le titre de supplément dans notre deuxième édition.

EXPLICATION DES ABRÉVIATIONS ET DES RENVOIS

Cass. 17 avril 1855. Arrêt de la Cour de cassation rendu le 17 avril 1855.

Paris 11 mars 1867. Arrêt de la Cour d'appel de Paris, rendu le 11 mars 1867.

Trib. civil de Bayonne, 6 août 1851. Jugement rendu par le Tribunal civil de Bayonne, le 6 août 1851.

Trib. com. de la Seine, 6 novembre 1857. Jugement rendu par le Tribunal de commerce de la Seine, le 6 novembre 1857.

D. P. 1849, 1, 284. Dalloz. Recueil périodique de jurisprudence, année 1849, 1re partie, page 284.

S. 1878, 2, 164. Sirey. Recueil général des lois et arrêts, année 1878, 2e partie, page 164.

D. J. G. vo Vices rédh , nos 218 et 231. Répertoire de législation, de doctrine et de jurisprudence de Dalloz au mot Vices rédhibitoires, nos 218 et 231.

Art. C. civil. Article du Code civil.

Art. C. Proc. civile. Article du Code de Procédure civile.

Art C. pénal. Article du code pénal.

Art. C. d'inst. criminelle. Article du Code d'instruction criminelle

Code rural, animaux domestiques, vices rédhibitoires.

Loi sur le Code rural (vices rédhibitoires dans les ventes et échanges d'animaux domestiques.)

(2 AOUT 1884). — *Promulg. au J. Off. du 6 août).*

Art. 1ᵉʳ. L'action en garantie, dans les ventes ou échanges d'animaux domestiques, sera régie, à défaut de conventions contraires, par les dispositions suivantes, sans préjudice des dommages et intérêts qui peuvent être dus s'il y a dol.

Art. 2. Sont réputés vices rédhibitoires et donneront seuls ouverture aux actions résultant des art. 1641 et suiv. C. civ., sans distinction des localités où les ventes et échanges auront lieu, les maladies ou défauts ci-après, savoir :

Pour le cheval, l'âne et le mulet,

La morve,
Le farcin,
L'immobilité,
L'emphysème pulmonaire,
Le cornage chronique,
Le tic proprement dit, avec ou sans usure des dents.
Les boiteries anciennes intermittentes.
La fluxion périodique des yeux.

Pour l'espèce ovine.

La clavelée ; cette maladie reconnue chez un **seul** animal entraînera la rédhibition de tout **le troupeau** s'il **porte** la marque du vendeur (**1**).

Pour l'espèce porcine

La ladrerie.

Art. 3. L'action en réduction de prix, autorisée par l'art. 1644 C. civ., ne pourra être exercée dans les ventes et échanges d'animaux énoncés à l'article précédent, lorsque le vendeur offrira de reprendre l'animal vendu, en restituant le prix et en remboursant à l'acquéreur les frais occasionnés par la vente.

Art. 4. Aucune action en garantie, même **en** réduction de prix, ne sera admise pour les ventes **ou** pour les échanges d'animaux domestiques, si le **prix** en cas de vente, ou la valeur en cas d'échange, **ne** dépasse pas 100 fr.

Art. 5 Le délai pour intenter l'action rédhibitoire sera de neuf jours francs, non compris le jour fixé pour la livraison, excepté pour la fluxion périodique, pour laquelle ce délai sera de trente jours francs, non compris le jours fixé pour la livraison.

Art. 6. Si la livraison de l'animal a été effectuée **hors** du lieu du domicile du vendeur ou si, après la livraison et dans le délai ci-dessus, l'animal a été conduit hors du lieu du domicile du vendeur, le délai pour intenter l'action sera augmenté à raison de **la distance, suivant** les règles de la procédure civile.

---

(1) La loi du 31 juillet 1895 a supprimé des cas **rédhibitoires** la morve le **farcin**, et la clavelée.

Art. 7. Quel que soit le délai pour intenter l'action, l'acheteur, à peine d'être non recevable, devra provoquer, dans les délais de l'art. 5, la nomination d'experts chargés de dresser procès-verbal; la requête sera présentée, verbalement ou par écrit, au juge de paix du lieu où se trouve l'animal; ce juge constatera dans son ordonnance la date de la requête et nommera immédiatement un ou trois experts qui devront opérer dans le plus bref délai.

Ces experts vérifieront l'état de l'animal, recueilleront tous les renseignements utiles, donneront leur avis, et, à la fin de leur procès-verbal, affirmeront, par serment, la sincérité de leurs opérations.

Art. 8. Le vendeur sera appelé à l'expertise, à moins qu'il n'en soit autrement ordonné par le juge de paix, à raison de l'urgence et de l'éloignement.

La citation à l'expertise devra être donnée au vendeur dans les délais déterminés par les art. 5 et 6; elle énoncera qu'il sera procédé même en son absence.

Si le vendeur a été appelé à l'expertise, la demande pourra être signifiée dans les trois jours à compter de la clôture du procès-verbal, dont copie sera signifiée en tête de l'exploit.

Si le vendeur n'a pas été appelé à l'expertise, la demande devra être faite dans les délais fixés par les articles 5 et .

Art. 9. La demande est portée devant les tribunaux compétents, suivant les règles ordinaires du droit.

Elle est dispensée de tout préliminaire de conciliation et, devant les tribunaux civils, elle est instruite et jugée comme matière sommaire.

Art. 10. Si l'animal vient à périr, le vendeur ne se sera pas tenu de la garantie, à moins que l'acheteur n'ait intenté une action régulière dans le délai légal, et ne prouve que la perte de l'animal provient de l'une des maladies spécifiées dans l'art. 2.

Art. 11. Le vendeur sera dispensé de la garantie résultant de la morve ou du farcin pour le cheval, l'âne et le mulet, et de la clavelée pour l'espèce ovine, s'il prouve que l'animal, depuis la livraison, a été mis en contact avec des animaux atteints de ces maladies.

Art. 12. Sont abrogés tous règlements imposant une garantie exceptionnelle aux vendeurs d'animaux destinés à la boucherie.

Sont également abrogées la loi du 20 mai 1838 et toutes les dispositions contraires à la présente loi.

Extrait de la loi du 31 juillet 1895.

Art. 2. — L'article 2 de la loi du **2 août 1884 est** modifié ainsi qu'il suit :

Sont réputés Vices rédhibitoires et donneront seuls ouverture aux actions résultat des articles 1641 et suivant du Code civil, sans distinction des localités ou les ventes et échanges auront lieu, les maladies ou défauts ci-après, savoir :

Pour le cheval, l'ane et le mulet,

L'immobilité,
L'emphysème,
Pulmonaire.
Le cornage chronique.
Le tic proprement dit avec ou sans usure des dents.
Les boiteries intermittantes.
La fluxion périodique des yeux.

Pour l'espèce porcine,

La ladrerie.

VICES RÉDHIBITOIRES

DES

ANIMAUX DOMESTIQUES

Loi du 2 août 1884

ARTICLE PREMIER

L'action en garantie, dans les ventes ou échanges d'animaux domestiques, sera régie, à défaut de conventions contraires, par les dispositions suivantes, sans préjudice des dommages et intérêts qui peuvent être dus s'il y a dol.

COMMENTAIRE

1. Cet article commence par déclarer que la loi ne s'applique qu'aux transactions lors desquelles, des conventions de garantie contraires à ses dispositions n'auront pas eu lieu.

2. Par cette première disposition, l'article 1er reconnaît qu'il est laissé aux contractants une entière

1

liberté, pour toutes les conventions de garantie qu'il leur conviendra de stipuler.

3. La loi n'intervient que pour conférer des garanties de droit à ceux qui, n'en ayant pas stipulé, s'en sont rapportés aux garanties que la loi a établies.

4. Libre à eux d'étendre ou de restreindre ces garanties, et, même, de convenir qu'il n'en existera aucune.

5. Cette même faculté existait sous la loi de 1838.

6. Son application avait soulevé les difficultés que nous devons signaler, parce qu'elles subsistent avec la loi du 2 août 1884 et qu'il est utile d'en connaître les solutions.

7. Les parties, s'étant bornées à convenir des garanties de la loi, sans s'expliquer sur la durée du délai de garantie, le délai que la loi fixe doit-il être observé?

Le silence des parties sur ce délai a fait, avec raison, présumer qu'elles avaient entendu vouloir s'y conformer (Bruxelles, 28 février 1844).

8. Cette présomption céderait, si les parties avaient, par leurs conventions, étendu ou restreint ce délai.

Ces conventions devraient, alors, recevoir leur exécution.

9. Les parties étant convenues que la garantie s'appliquerait à d'autres vices qu'à ceux énumérés dans la loi et, n'ayant rien stipulé sur la durée du

délai de garantie, on a soutenu, néanmoins, que, pour ces vices, dits *conventionnels*, le délai de garantie de la loi devait être observé.

Ces vices conventionnels sont entièrement étrangers à la loi spéciale, et, dès lors, aucune de ses dispositions ne leur est applicable.

Il n'y a donc pas lieu d'observer le délai de garantie fixé par la loi du 2 août 1884, mais de se conformer, pour ce délai, aux règles du droit commun.

(Leroi c. Vivier). La Cour : — « Sur la première « question, attendu que la demande en résolution « de la vente du 29 octobre 1877 n'est pas moti- « vée sur un des vices rédhibitoires énumérés « dans la loi du 20 mai 1838, et que, dès lors, les « délais impartis par cette loi, pour l'introduction « de l'instance, ne sont pas applicables à la cause; « qu'il s'agit d'un vice de méchanceté tel que la « jument objet de ladite vente serait impropre à « tout usage; que, sans doute, l'article 1648 C. « civ. exige que l'action résultant des vices rédhi- « bitoires en général soit intentée dans un bref « délai; mais qu'en ne le déterminant pas, il a « laissé à cet égard aux tribunaux un pouvoir « appréciateur; que, dans l'espèce, la vente a eu « lieu avec stipulation de garantie, sans fixation « de délai; que, de plus, Leroi avait déclaré, le « 14 novembre 1877, dans un télégramme, qu'il « reprendrait l'animal, que, dans de telles cir- « constances, l'acheteur a pu attendre jusqu'au

« 41 février 1878, à saisir le tribunal, **sans qu'on**
« puisse élever contre lui une fin de non-rece-
« voir ; par ces motifs, sans avoir égard à la fin
« de non-recevoir proposée par Leroi, laquelle est
« rejetée, confirme, etc. » **Caen, 7 mai 1878 ; S.**
1878, 2, 264.

10. Si, pour ces vices conventionnels, **les parties**
étaient convenues que le délai de la loi spéciale
serait observé, cette stipulation devrait recevoir son
exécution, d'après le principe que les **conventions**
tiennent lieu de loi à ceux qui les ont **faites** (art.
1134, C. civ.)

11. Les parties auraient-elles stipulé **que, pour**
ces vices conventionnels, les formalités de procédure
tracées par la loi du 2 août 1884 seraient observées,
qu'il n'y aurait pas lieu d'y recourir.

Ces formalités, spéciales aux vices énumérés dans
cette loi, ne sauraient, en effet, recevoir une **autre**
application.

12. Pour l'exercice de l'action à raison des **vices**
conventionnels, on devra donc suivre les règles ordinaires de la procédure.

13. Les experts, au lieu d'être nommés par **une**
ordonnance du juge de paix, seront nommés par **un**
jugement rendu par ce magistrat, si la contestation
a le caractère **civil** et **n'excède pas** le taux de **sa**
compétence.

Cette nomination pourra **avoir lieu aussi** rapidement qu'au moyen d'une ordonnance : car, selon
l'article 6 du Code de procédure civile, on peut, **en**

vertu d'une cédule obtenue du juge de paix, citer, même dans le jour et à l'heure indiqués (Form. n° 28).

14. La contestation étant civile et excédant le taux de la compétence du juge de paix, les experts seront nommés par un jugement du tribunal civil conforme à la formule n° 33 et qui sera rendu sur une assignation rédigée selon la formule n° 32.

Dans ce dernier cas, il sera, toutefois, préférable, à raison de l'urgence, d'user de la faculté de faire nommer les experts par une ordonnance de référé. On se conformera, pour l'assignation et l'ordonnance, aux formules n°ˢ 29 et 30.

Les experts ayant été nommés par une ordonnance de référé, le tribunal sera saisi de la contestation par une assignation rédigée selon la formule n° 31 et le jugement sera rendu selon la formule n° 37.

La matière étant commerciale, les experts seront toujours nommés par un jugement du tribunal de commerce.

Il y aura lieu, à raison de l'urgence, de se pourvoir d'une permission du président de ce tribunal, à l'effet d'être autorisé à assigner de jour à jour et même d'heure à heure (art. 417, C. proc. civile).

On se conformera, pour cette permission, aux formules n°ˢ 34 et 35.

15. La nomination des experts aura lieu dans ce

cas sur l'assignation en résolution du marché dont le tribunal devra être immédiatement saisi.

En vue d'obtenir la nomination des experts par une décision préparatoire, il sera, après les conclusions tendant à la résolution du marché, conclu, comme devant le tribunal civil, lorsque la voie du référé n'aura pas été suivie, à ce que, au préalable, des experts soient nommés (form. n° 36).

16. L'instance sera ensuite continuée selon les règles ordinaires de la procédure.

17. L'action rédhibitoire, qui fait l'objet de la loi du 2 août 1884, repose sur la présomption de bonne foi réputée au vendeur.

On suppose qu'il ignorait l'existence du vice rédhibitoire dont l'animal était atteint au jour du contrat.

18. Ce principe ressort de la brièveté du délai de garantie, après l'expiration duquel le vendeur est affranchi de toute garantie.

19. S'il en était autrement, la loi aurait été édictée en vue de protéger la mauvaise foi : 1° en substituant un délai de neuf jours à celui de dix ans, pendant lequel l'action en nullité d'une vente, pour dol, peut être exercée (art. 1304, C. civ.); et 2° en restreignant à quelques cas seulement la faculté pour l'acheteur de faire rompre le marché.

20. L'action rédhibitoire ne tend, d'ailleurs, qu'à la restitution du prix versé contre la remise de l'animal, sans qu'aucuns dommages-intérêts puissent

être réclamés, parce que, ainsi que le déclare l'article 1646 du Code civil, le vendeur est réputé de bonne foi et avoir ignoré le vice rédhibitoire dont l'animal était atteint.

21. L'hypothèse de la mauvaise foi du vendeur doit donc être entièrement écartée de la loi qui nous occupe.

22. Cependant nous trouvons dans l'article 1er cette disposition finale : « *sans préjudice des dommages-intérêts qui peuvent être dus s'il y a dol.* »

Il y a dol lorsque le vendeur connaissant le vice rédhibitoire ne l'aura pas déclaré.

23. Dans ce cas, il n'est plus de bonne foi et dès lors la loi du 2 août 1884 qui repose, nous l'avons dit, sur la présomption de bonne foi réputée au vendeur, ne lui est plus applicable.

Le droit commun, dont nous expliquerons les principes nos de 45 à 52, sera. alors, la règle que l'acheteur devra suivre dans sa contestation avec son vendeur.

ARTICLE 2

Sont réputés vices rédhibitoires et donneront seuls ouverture aux actions résultant des articles 1641 et suivants du Code civil, sans distinction des localités où les ventes et échanges auront lieu, les maladies ou défauts ci-après, savoir (1) :

Pour le cheval, l'âne et le mulet :

La morve ;
Le farcin ;
L'immobilité ;
L'emphysème pulmonaire ;
Le cornage chronique ;
Le tic proprement dit, avec ou sans usure des dents ;
Les boîteries anciennes intermittentes ;
La fluxion périodique des yeux.

Pour l'espèce ovine :

La clavelée. (Cette maladie reconnue chez un seul animal entraînera la rédhibition de tout le troupeau s'il porte la marque du vendeur).

Pour l'espèce porcine :

La ladrerie.

---

(1) La Loi du 31 juillet 1895 a supprimé des cas rédhibitoires, la morve, le farcin et la clavelée.

COMMENTAIRE

24. Cet article, en édictant que les cas qu'il énumère donneront seuls ouverture pour les espèces d'animaux qu'il comprend à l'action rédhibitoire, reproduit la solution consacrée par la jurisprudence sous la loi de 1838.

La jurisprudence avait, en effet, reconnu : 1° que la loi de 1838 ne s'appliquait qu'aux animaux qu'elle désignait ; et 2° que, pour ces animaux, les seuls cas rédhibitoires étaient ceux énumérés par la loi.

(Franquelin c. Coiffon.) La Cour : « Attendu que « la loi du 20 mai 1838 ne s'applique pas, d'une « manière générale, aux vices rédhibitoires dans « les ventes et échanges d'animaux domestiques ; « qu'elle est limitative, en ce sens, qu'elle n'ad- « met, comme vices rédhibitoires donnant lieu, « lors de la vente de ces animaux, à l'action résul- « tant de l'art. 1641 C. civ., que les maladies et « défauts qu'elle désigne spécialement ; qu'elle est « limitative, également, en ce qu'elle détermine, « spécialement, les espèces d'animaux, dans les- « quelles, ces vices et défauts cachés donneront « lieu à cette action ; qu'ainsi, elle ne lui donne « ouverture que pour les animaux des espèces « chevaline, ovine et bovine ; d'où il suit qu'en dé- « cidant qu'il n'y avait pas lieu à exercer l'action « rédhibitoire pour ladrerie du porc, le jugement « attaqué n'a fait qu'une juste application de cette

« loi ; — rejette, etc. » (Cass., 17 avril 1855, S. 1855,
1,600.)

Cette jurisprudence aurait été applicable à la
loi du 2 août 1884. Néanmoins il était nécessaire
que l'article 2 en fît l'objet d'une déclaration
expresse pour rendre, désormais, impossible toute
controverse à ce sujet.

25. L'article 2, par ces mots : *actions résultant
des articles 1641 et suivants du Code civil,* n'a pas
entendu que tous les articles compris dans le paragraphe 2 de la section 3 du chapitre 4 du titre 6
du Code civil, seraient applicables à l'action rédhibitoire régie par la loi du 2 août 1884.

26. Il est évident qu'il ne saurait être question
que des articles 1642, 1643, 1646, 1649 :

Le premier, déclarant que l'action rédhibitoire
ne s'applique pas aux vices apparents ;

Le second, que le vendeur doit la garantie des
vices, même alors qu'il ne les aurait pas connus ;

Le troisième, que l'action rédhibitoire ne tend
qu'à la restitution du prix et des frais occasionnés
par la vente ;

Et le quatrième, que l'action rédhibitoire n'a
pas lieu dans les ventes faites par autorité de justice.

27. Les autres articles de ce paragraphe sont
ou étrangers à l'action rédhibitoire ou remplacés
par des dispositions spéciales de la loi du 2 août
1884 :

L'article 1644 remplacé par l'article 3 ;

L'article 1645 supposant le dol du vendeur;

L'article 1647 remplacé par l'article 10 ;

Et l'article 1648 remplacé par l'article 5.

28. L'action rédhibitoire n'a pas lieu dans les ventes faites par autorité de justice.

Telle est la disposition de l'article 1649 du Code civil.

C'est, dans ce cas la justice qui tient lieu du vendeur et qui n'adjuge la chose que telle qu'elle est.

Le propriétaire de l'animal restant étranger au contrat ne saurait être tenu d'aucune garantie.

29. Il n'en est pas de même, dans les ventes qui, quoique volontaires, sont précédées des formalités de publicité et qui ont lieu aux enchères publiques avec le concours d'un officier public.

Ces ventes, bien qu'ayant emprunté la forme des ventes faites par l'autorité de justice, n'en restent pas moins des ventes volontaires.

Le vendeur est, non plus la justice, mais le propriétaire de l'animal qui, dès lors, reste tenu de l'obligation de garantie.

30. On a maintenu parmi les cas rédhibitoires de l'espèce chevaline les boiteries anciennes intermittentes et la fluxion périodique des yeux.

Ces deux vices ont donné lieu aux décisions suivantes :

La boiterie à froid ne constitue pas un vice rédhibitoire (trib. civil de la Seine, 8 mai 1845 ; le *Droit*, n° du 9 mai 1845.)

Le vice rédhibitoire la fluxion périodique des yeux entraîne la résolution d'un marché qui a, pour objet, un cheval borgne (trib. de commerce de la Seine, 18 juillet 1845 ; le *Droit*, n° du 19 juillet 1845.)

31. On a remarqué que, pour l'espèce ovine la clavelée, reconnue chez un seul animal, n'entraîne la rédhibition de tout le troupeau que s'il porte la marque du vendeur.

Cette condition a été exigée pour éviter que l'acheteur de mauvaise foi pût substituer aux animaux vendus d'autres animaux de moindre valeur.

32. Si cette condition n'était pas remplie, la rédhibition ne se produirait que pour les animaux atteints de la clavelée et que l'acheteur, en cas de contestation prouverait avoir fait partie du marché (1).

33. Les cas rédhibitoires, pour les espèces chevaline, ovine et porcine, on été réduits dans la mesure la plus restreinte (2).

Les acheteurs soigneux de leurs intérêts n'auront qu'un moyen d'obvier aux inconvénients de cette restriction. Il consistera à passer des contraventions les garantissant des vices ou défauts non compris dans les cas rédhibitoires et contre lesquels ils voudront néanmoins être prémunis.

Ces contraventions devront être constatées par un écrit fait double.

---

(1) Depuis la Loi du 31 juillet 1895 qui a supprimé tout vice rédhibitoire pour l'espèce ovine, les n°s 32 et 33 sont devenus sans objet.

(2) Par le même motif, il ne peut plus être question de l'espèce ovine au n° 33.

34. Les vices dont on **voudra être garanti y** seront expressément spécifiés.

35. S'il s'agit d'aptitudes en vue desquelles l'achat a été fait, ces aptitudes devront être énoncées dans le marché et y faire l'objet d'un engagement exprès de garantie.

36. La convention de garantie de tous vices devra énoncer qu'elle s'applique à tous vices apparents, à tous vices cachés et même aux vices rédhibitoires.

37. Il a été jugé 1° que les stipulations de garantie doivent être faites au moment même du contrat, et qu'il ne suffisait pas qu'elles fussent insérées dans le reçu du prix délivré postérieurement au marché; (trib. civil de la Seine, 25 avril 1843; le *Droit*, n° des 1er et 2 mai 1843.)

Et 2° qu'elles produisent leur effet même alors qu'au jour de la vente, le cheval serait atteint d'une maladie mortelle; la morve, par exemple (trib. de commerce de la Seine, 6 août 1839; le *Droit*, n° des 19 et 20 août 1839.)

38. Il importe que les conventions soient aussi claires et aussi complètes que possible.

Les marchés deviendraient autrement une source inépuisable de procès.

39. Ainsi, dans un marché stipulant la garantie de toute boiterie : Pour ne pas avoir ajouté ces mots : « quelle qu'en fût la cause », on a soutenu que la garantie ne s'étendait qu'au seul cas rédhibitoire énoncé dans la loi du 20 mai 1838, sous la

désignation de « boîterie intermittente pour cause de vieux mal. »

Cette interprétation restrictive de la clause de garantie fut repoussée par la Cour de Rouen, le 14 novembre 1842 : S. 1843, 2. 51, et par la Cour de cassation, le 20 juillet 1843 ; S. 1843. 1, 802.

40. On a vu que l'article 2 ne comprend pas l'espèce bovine parmi les animaux qu'il énumère.

Il en résulte que la loi du 2 août 1884, loi d'exception dont l'application est limitée aux animaux domestiques et aux vices rédhibitoires qu'elle énumère, ne concerne pas l'espèce bovine.

Cette espèce est, cependant, une des plus importantes de nos animaux domestiques.

Elle donne lieu à des marchés qui s'élèvent chaque année à des sommes considérables.

Aussi nos agriculteurs tendent-ils de plus en plus à s'occuper de l'élevage de cette espèce et à en développer la production.

Les bœufs sont achetés pour le travail, ils remplacent les chevaux pour l'attelage et servent à la charrue.

Les vaches sont achetées pour les mêmes usages et surtout, pour la reproduction de l'espèce et la production du lait.

Après l'étape du travail ou de ces divers usages fournie, cette espèce est engraissée pour être livrée à la consommation.

Elle ne sert aussi souvent qu'à ce dernier usage et

n'est élevée qu'en vue de fournir de la viande sur pied destiné à l'abattoir.

Quelle que soit l'une ou l'autre de ces deux destinations, en vue de laquelle, les animaux de cette espèce sont achetés, l'acheteur doit être garanti des vices cachés empêchant l'animal de remplir le **but** qu'il s'est proposé en l'achetant.

Cette obligation du vendeur est, dit Pothier, n° 203 de son Traité de la vente : « une suite de celle que « contracte le vendeur de faire avoir à l'acheteur « la chose vendue; car s'obliger à faire avoir la « chose, dans l'intention des parties, est s'obliger « à la faire avoir utilement, puisqu'en vain, l'ache- « teur a utilement une chose qui ne peut lui être « d'aucun usage. »

Le Code civil dans l'article 1641 a reproduit **ce** principe du contrat de vente dans les termes suivants :

« Le vendeur est tenu de la garantie à raison « des défauts cachés de la chose vendue qui **la** « rendent impropre à l'usage, auquel on la des- « tine, ou qui en diminuent tellement cet usage, « que l'acheteur ne l'aurait pas acquise, ou **n'en** « aurait donné qu'un moindre prix, s'il les **avait** « connus. »

Cette obligation du vendeur lui est si expres- sément imposée, qu'elle existe sans qu'elle **ait** été stipulée, alors même qu'il n'aurait pas connu les vices cachés et aurait été par suite de bonne **foi.**

Il n'en est affranchi que s'il a stipulé qu'il ne sera obligé à aucune garantie ; (art. 1643, C. civil.)

Ces principes qui sont de la nature du contrat de vente sont appliqués quel que soit l'objet de la vente.

Une disposition de loi spéciale et exceptionnelle peut seule y porter atteinte.

Cette exception se produit pour les espèces chevaline, ovine et porcine par la loi du 2 août 1884 qui limite, pour ces trois espèces d'animaux, les vices rédhibitoires et prescrit des délais et des formalités exceptionnels auxquels elle subordonne la faculté de l'exercice de l'action rédhibitoire (1).

Pour les autres espèces d'animaux dont la loi du 2 août 1884 ne s'occupe pas; qu'il s'agisse de la race canine, des animaux de basse-cour ou, en un mot, de tous les autres animaux achetés ou échangés et notamment, de ceux composant l'espèce bovine, les principes du droit commun que nous avons exposés doivent être appliqués.

L'action rédhibitoire doit donc être autorisée pour tous les animaux non compris dans la loi du 2 août 1884 et notamment pour l'espèce bovine à raison de tous vices, maladies ou défauts cachés réunissant les conditions énoncés dans l'article 1641 du Code civil.

41. La loi du 2 août 1884 ne s'applique qu'aux animaux qui sont compris dans l'énumération de l'article 2.

---

(1) La Loi du 31 juillet 1895 ayant supprimé la clavelée de l'énumération des vices rédhibitoires, il en résulte que l'espèce ovine n'est plus comprise dans l'exception.

Pour les autres animaux, aucune de ces disposi-**tions** ne devra être observée.

42. Il ne peut être question, à leur égard, des délais et des formalités prescrits par la loi du 2 août 1884.

Pour les délais; il suffira de se conformer aux dispositions de l'article 1648 du Code civil qui exige seulement que l'action rédhibitoire soit intentée par l'acheteur dans un bref délai suivant la nature des vices rédhibitoires.

L'appréciation sur le point de savoir si l'action aura été intentée dans un bref délai, est entière-ment laissée aux tribunaux auxquels il appartient de mesurer ce délai suivant les circonstances de la cause. (Cass., 13 février 1828, D. R., v° Vices rédh., 164. — Cass., 16 novembre 1853; D. P., 1853, 1, 323. — Cass., 23 août 1865; D. P., 1865, 1, 265.— Paris, 30 juillet 1867; D. P., 1867, 2, 227. — Cass., 12 novembre 1884; S. 1886, 1, 149.)

43. La demande sera intentée et suivie selon les règles ordinaires de la procédure, form. n° 38 et le jugement rendu selon la formule n° 39.

Il en sera de même pour la demande en réduction de prix, dont l'assignation sera rédigée selon la for-mule n° 41 et le jugement rendu selon les formules n°ˢ 42 et 43.

Pour les contestations du ressort des tribunaux civils de première instance, la nomination des ex-perts pourra être demandée par voie d'ordonnance de référé (form. n°ˢ 29 et 30).

En vue d'éviter tout retard dans les constatations des experts, on devra demander l'exécution de l'ordonnance sur minute et même avant son enregistrement.

44. S'il y a lieu à une demande récursoire en garantie, on observera les dispositions des articles 1er et 61 du Code de procédure civile qui prescrivent les énonciations que les citations devant les justices de paix et les assignations devant les tribunaux civils de première instance et devant les tribunaux de commerce doivent comprendre; (form. n° 40.)

La demande récursoire en garantie sera signifiée dans la huitaine du jour de la demande originaire, outre un jour par 5 myriamètres de distance: (art. 173 du Code de procédure civile.)

Ce délai n'est pas franc.

Il n'est pas prescrit à peine de déchéance (Cass., 7 novembre 1849; D. P., 1849, 1, 284. — Agen, 27 mai 1873; D. P., 1874, 5, 283.)

La seule conséquence de l'inobservation du délai consiste dans le droit qu'a le garant ou de faire déclarer la demande en garantie mal fondée, si le garanti s'est laissé condamner d'une manière irrévocable sans l'appeler en cause; ou de demander que le défendeur supporte personnellement les frais qu'il a faits en son absence. (Limoges 4 février 1824; D. R., v° Exceptions, 410.)

45. Nous avons jusqu'ici, supposé soit pour l'ap-

plication de loi du 2 août 1884, soit pour l'application du droit commun aux espèces d'animaux non comprises dans cette loi, que le vendeur était de bonne foi.

Il en est ainsi, lorsqu'il ignorait le vice dont l'animal était atteint.

Nous devons envisager l'hypothèse contraire. Il connaissait le vice et ne l'a pas révélé à l'acheteur.

Il commet alors une faute qui est assimilée au dol et le rend en conséquence responsable du préjudice que l'acquéreur aura pu éprouver et passible de dommages-intérêts. (Article 1645 du C. civil.)

Dans ce cas, quel que soit le vice affectant l'animal, et qu'il s'agisse des animaux dont la loi du 2 août 1884 s'occupe ou de tous autres, l'acheteur en mesure de prouver la mauvaise foi, est autorisé à exercer une action qui n'est plus l'action rédhibitoire mais l'action pour dol, en nullité du marché,

(Walter C. Dubois). LA COUR : « Considérant qu'il
« est établi au procès, que la jument dont il s'agit
« avait un défaut nettement caractérisé et des ins-
« tincts dangreeux ;

« Considérant que Walter ne pouvait pas l'igno-
« rer et ne l'ignorait pas ;

« Considérant qu'en pareil cas, la dissimulation
« constitue, à elle seule, un dol positif et direct
« qui vicie le contrat et doit en entraîner la nullité.

« Adoptant au surplus les motifs des premiers
« juges, confirme, etc. » (Paris. 16 décembre 1872.
Conf. Trib. civil de la Seine, 25 février 1870, S.
1874, 1, 248.)

46. Cette action est subordonnée, nous l'avons dit
n° 45, à une condition : la preuve que fera l'acheteur que le vendeur connaissait le vice et ne l'avait
pas déclaré.

47. Cette action est régie pour le délai pendant
lequel elle peut être exercée, par l'article 1304 du
Code civil qui fixe la durée de ce délai à dix ans
à partir du jour où le dol a été découvert.

48. Cette action pour dol sera intentée et suivie
selon les règles ordinaires de la procédure.

49. Nous avons dit que l'acheteur était fondé,
dans ce cas, à réclamer des dommages-intérêts.

Ces dommages-intérêts comprendront la valeur
de tous les animaux auxquels la maladie aurait été
communiquée par l'animal acheté et qui auraient
péri.

S'ils n'en avaient subi qu'une dépréciation et
qu'ils pussent encore être utilisés, ce serait le montant de leur dépréciation qui serait demandé.

50. On réclamera en outre toutes les autres pertes
éprouvées qui seront une suite immédiate et directe
de l'achat de l'animal.

Ces deux conditions se trouvent réunies au cas de
perte des autres animaux provenant de la communication d'une maladie.

51. Il n'en serait pas ainsi de l'impossibilité où

aurait été l'acheteur de cultiver ses terres, parce qu'il se trouverait privé des moyens d'acheter d'autres animaux.

Ce dommage n'est en effet qu'une conséquence éloignée et non immédiate du dol.

52. Le vendeur de mauvaise foi reste soumis à l'action pour dol, en nullité de la convention et passible de dommages-intérêts ; même alors qu'il aurait stipulé une clause de non garantie.

L'acheteur serait néanmoins fondé à lui opposer l'exception de dol.

53. Le vendeur ayant eu recours à des artifices pour dissimuler le vice, commet le délit d'escroquerie prévu et puni par l'article 405 du Code pénal.

54. L'acheteur, dans ce cas, a le choix ou d'intenter l'action pour dol en nullité du marché devant la juridiction civile, ou de saisir la juridiction correctionnelle, soit par le dépôt d'une plainte, soit par voie de citation directe.

55. S'il opte pour cette dernière voie de recours ; il n'aura pour l'exercer qu'un délai de trois ans, à compter du jour où le délit aura été commis ou du dernier acte de procédure. (Art. 638, Code d'instruction criminelle.)

56. L'action pour dol, qu'elle soit portée devant la juridiction civile ou devant la juridiction correctionnelle, impose à l'acheteur ainsi que nous l'avons dit nos 45 et 46, l'obligation de faire la preuve de la mauvaise foi ou des artifices du vendeur.

Aussi lorsqu'il s'agit d'un animal et d'un vice compris dans la loi du 2 août 1884 et que l'acheteur est encore dans le délai pour accomplir les formalités qu'elle prescrit, il agira prudemment en se bornant à exercer l'action rédhibitoire réglementée par cette loi.

57. Ces principes en cas de dol et d'artifices employés pour dissimuler le vice, recevront leur application ; qu'il s'agisse d'un contrat de vente ou d'un contrat d'échange (1).

58. L'article 459 du Code pénal enjoignait de tenir renfermés les animaux soupçonnés d'être atteints de maladies contagieuses et d'en avertir le maire, sous peine d'un emprisonnement de six jours à deux mois et d'une amende de 16 à 200 francs.

Cet article a été abrogé par la loi sur la police sanitaire des animaux qui édicte les mêmes prescriptions en élevant l'amende jusqu'à 400 francs.

59. Lorsque, contrairement à ces prescriptions, on vend un animal que l'on sait ou que l'on soupçonne d'être atteint d'une maladie contagieuse ; on commet à l'égard de son acheteur un fait de dol.

Trois hypothèses peuvent alors se présenter pour le recours de l'acheteur contre son vendeur.

La maladie contagieuse affecte un animal non compris dans la loi du 2 août 1884.

Dans ce cas, aucune difficulté ne se présente ; l'acheteur peut demander par les voies civiles la nullité de la vente et la réparation du préjudice qu'il aura éprouvé.

---

(1) Les n°s 58, 59, 60 et 61 sont devenus sans objet depuis la loi du 31 juillet 1895 qui a retranché des vices rédhibitoires les maladies contagieuses.

Il peut aussi, le vendeur étant poursuivi devant la juridiction correctionnelle à la requête du ministère public, se porter partie civile et faire statuer sur sa demande de dommages-intérêts par le jugement qui prononcera la peine.

60. S'il s'agit d'un animal compris dans la loi du 2 août 1884, mais atteint d'une maladie non comprise dans son énumération; les mêmes voies pour obtenir la nullité de la vente et la réparation du préjudice sont ouvertes à l'acheteur.

61. Si, au contraire, il s'agit à la fois et d'un animal et d'un vice compris dans l'énumération de la loi du 2 août 1884, on a soutenu que l'acheteur n'ayant pas exercé l'action rédhibitoire dans le délai prescrit par cette loi, n'avait pas la faculté d'intervenir comme partie civile devant le tribunal correcionnel et d'y réclamer des dommages-intérêts sur les poursuites du ministère public.

Voici l'espèce dans laquelle cette fin de non recevoir a été opposée.

Le sieur Bonnefoy avait acheté du sieur Millaud, un cheval qui se trouvait atteint d'une maladie contagieuse la morve, qui était comprise dans l'énumération de l'article 1er de la loi du 20 mai 1838 parmi les cas rédhibitoires pour le cheval, l'âne et le mulet et donnant lieu par suite à l'action rédhibitoire.

Le sieur Bonnefoy laissa écouler le délai de garantie sans assigner le sieur Millaud en résolution du marché.

Ce dernier fut ultérieurement poursuivi par le

ministère public devant la juridiction **correctionnelle**, comme prévenu d'avoir eu en sa possession sans en faire la déclaration au maire, **un cheval infecté d'une** ma.adie contagieuse.

Le sieur Bonnefoy intervint **dans cette poursuite et** conclut à des dommages-intérêts **pour la répara-tion du** préjudice qui lui avait été causé.

Le sieur Millaud opposa que cette intervention **n'était pas** recevable; attendu, disait-il, que le délai **de** garantie étant expiré, le sieur Bonnefoy ne pouvait pas plus exercer l'action rédhibitoire acces-soirement à une instance correctionnelle, qu'il n'au-rait pu la former directement devant les tribunaux civils.

22 juin 1846, jugement du tribunal correctionnel de Tarascon qui déclare le sieur Millaud coupable du délit prevu par l'article 459 du Code pénal, le condamne à 150 francs d'amende et, admettant l'intervention de la partie civile, lui alloue 1,500 fr. de dommages-intérêts.

Appel; 12 février 1847, *arrêt* confirmatif de la Cour d'Aix : «Attendu que les dispositions de loi
« répressives du délit reproché à Millaud, dans
« lesquelles la partie publique a puisé sa pour-
« suite, se trouvent à l'article 459 du Code pénal;
« que le défaut de soumission de Millaud au pres-
« crit de cet article, son absence de déclaration
« à l'autorité, de la maladie du **cheval** vendu par
« **lui** à Bonnefoy, **serait la cause** première **et**
« **coupable du** préjudice **essuyé par** celui-ci, s'il

« est prouvé que Millaud connaissait ou soup-
« çonnait du moins, que le cheval vendu était
« atteint de la morve. Que Bonnefoy avait donc
« tout intérêt à réunir son action civile à l'action
« publique, pour arriver, à cet égard, à la décou-
« verte de la vérité : qu'il y était autorisé par
« l'article 63 du Code d'instruction criminelle.
« Attendu qu'ici, l'action de Bonnefoy ne sau-
« rait être considérée, comme une instance devant
« le juge civil fondée sur des vices rédhibitoires
« et, à laquelle, on pourrait opposer l'exception
« de la prescription de l'article 3 de la loi du
« 20 mai 1838 ; mais, au contraire, comme la
« demande de la partie lésée par un crime ou un
« délit, d'une réparation complète, au juge chargé
« de la répression publique, si le crime ou le
« délit sont prouvés devant lui. Attendu que les
« faits de la cause, les déclarations des gens de
« l'art qui ne laissent pas de doutes sur la pré-
« sence, bien avant la vente de la maladie conta-
« gieuse chez le cheval vendu, le jet par les
« narines que les témoins ont remarqué au mo-
« ment même où Bonnefoy l'achetait, les propos
« tenus par Simon Bédarride employé de Millaud,
« au moment où le cheval sortait des écuries,
« ne laissent pas de doute que Millaud ne dût,
« au moins, soupçonner le cheval atteint de la
« morve qui a amené le préjudice de la partie
« civile.

Pourvoi en cassation par le sieur Millaud : LA

Cour : «Attendu que l'article **459 du** Code pénal
« ordonne à tout détenteur d'animaux soupçonnés
« d'être infectés d'une maladie contagieuse, non
« seulement d'avertir, sur-le-champ, le maire **de**
« la commune, mais, aussi, de les tenir enfermés;
« que, lorsque ce détenteur sachant ou soup-
« çonnant la maladie, vend ces animaux; il con-
« trevient à la seconde prescription de cet article;
« que, dans ce cas, le préjudice que l'acheteur
« peut avoir à souffrir, par suite de la vente,
« résulte directement de la contravention commise
« **par** le vendeur; que cet acheteur est donc rece-
« vable, pour obtenir la réparation de ce préju-
« dice, à exercer son action civile devant la juri-
« diction correctionnelle; que, d'après les faits
« constatés dans l'arrêt attaqué, la Cour royale
« d'Aix, en admettant l'intervention du sieur Bon-
« nefoy, n'a fait que se conformer aux principes
« qui viennent d'être rappelés; attendu, sur le
« deuxième moyen pris de la violation de l'article **3**
« de la loi du 20 mai 1838; que cette loi, en déter-
« minant l'étendue et les formes de l'action **en**
« garantie pour vices rédhibitoires, n'a eu en **vue**
« que les cas ordinaires soumis aux règles du droit
« civil; qu'elle n'a point dérogé aux dispositions
« du Code d'instruction criminelle pour les cas **où**
« le préjudice souffert par l'acheteur, résulte **d'un**
« fait du vendeur ayant les caractères d'un **véri-**
« table délit. Qu'elle n'a point dérogé, notamment
« aux articles 637, 638 et 640 **de ce** Code, d'après

« les quels, l'action publique et l'action civile résul-
« tant des crimes, délits et contraventions sont
« soumises à la même prescription ; que, dès lors,
« l'intervention du sieur Bonnefoy, partie civile,
« était recevable quoique faite après le délai fixé
« par l'article 3 de la loi du 20 mai 1838. » Cass.,
« 17 juin 1847, S. 1847, 1, 680.

Le principe qui servait de fondement à la loi du
20 mai 1838 et qui sert également de fondement
à la loi du 2 août 1884, consistant dans la présomption de bonne foi réputée au vendeur, on
s'explique les restrictions apportées par ces deux
lois au recours en garantie de l'acheteur à raison
des vices rédhibitoires.

Le vendeur ayant commis un délit dont la condition essentielle consiste dans l'intention fraudu-
leuse qui a présidé à sa perpétration, ne peut plus
être réputé comme ayant agi de bonne foi et dès
lors, toutes les voies d'actions doivent être ouvertes
à l'acheteur pour obtenir la reparation du préjudice
qui lui a été causé.

ARTICLE 3

*L'action **en** réduction de prix autorisée **par** l'article 1644 du Code civil, ne pourra être exercée dans les ventes ou échanges d'animaux énoncés à l'article précédent, lorsque **le** vendeur offrira de reprendre l'animal rendu, en restituant le prix et en remboursant **à** l'acquéreur les frais occasionnés **par la** vente.*

COMMENTAIRE

62. Cet article crée une innovation importante à la loi du 20 mai 1838.

Dans les débats qui eurent lieu lors de la discussion de cette loi, la faculté pour l'acheteur, de ne demander que la réduction du prix, telle qu'elle serait arbitrée par experts, ne fut pas admise.

Le motif qui entraîna cette résolution fut la crainte de fournir à l'acheteur de mauvaise foi, le moyen d'obtenir de son vendeur par l'appréhension d'un procès, une réduction de prix non justifiée.

L'article 3, en accordant cette faculté à l'acheteur, a cherché toutefois à conjurer l'abus que nous venons de signaler.

Il déclare que cette action ne pourra être exercée, lorsque le vendeur offrira de reprendre l'animal, en restituant à l'acheteur le prix qu'il en aura reçu et les frais occasionnés par la vente.

63 Avec la loi du 2 août 1884, l'acheteur a ainsi le choix d'exercer ou l'action rédhibitoire ou l'action en réduction de prix dite *quanti minoris*..

Pour cette dernière action, toutefois, la faculté de l'exercer se trouve subordonnée à cette condition : que le vendeur n'offrira pas de reprendre l'animal en restituant le prix et les frais occasionnés par la vente.

Après avoir exercé l'une de ces deux actions, l'acheteur ne pourra plus recourir à l'autre.

Il est en effet, constant en doctrine et en jurisprudence qu'après avoir par exemple, exercé l'action en réduction de prix ; l'action en résolution de la vente ne peut plus être intentée. (D. R., vº Vices rédhibitoires, 147. Bordeaux, 21 mars 1861, D. R., vº Vices rédhibitoires, 146.)

Le motif sur lequel la doctrine et la jurisprudence se fondent, est la maxime de droit : qu'une voie d'action ayant été choisie, on ne peut plus recourir à une autre action.

Il doit à plus forte raison en être ainsi, après la décision qui a statué sur l'une des deux actions ; par exemple, sur la demande en réduction de prix.

L'exception de la chose jugée vient alors ajouter un second motif s'opposant à ce qu'il soit intenté une demande en résolution de la vente. (D. R., v° Vices rédhibitoires, 147.)

64. La même raison de droit s'opposerait à ce qu'après s'être désisté de l'une des deux demandes qu'il aurait formée; par exemple, d'une demande en résolution de la vente, l'acheteur puisse intenter une demadde en réduction de prix.

65. La requête présentée au juge de paix à fin de nomination des experts et l'ordonnance qui l'a suivie, signifiées au vendeur en tête de la sommation d'assister à l'expertise, lui ont fait savoir que l'acheteur entendait ne demander qu'une réduction de prix.

L'offre par le vendeur de reprendre l'animal en restituant le prix et en remboursant les frais occasionnés par la vente, a pour résultat de rendre inutile toute suite à donner à la procédure.

Le vendeur doit dès lors sans aucun retard, faire savoir à l'acheteur qu'il fait cette offre.

66. Pour éviter qu'aucune contestation ne puisse s'élever sur le fait de cette offre, le vendeur devra en retirer de l'acheteur une déclaration écrite.

Le refus par l'acheteur de donner cette déclaration ou tout autre motif s'opposant à ce que le vendeur puisse avoir de suite le moyen de prouver l'offre qu'il a faite; il devra recourir à un acte extra-judiciaire pour la notifier (form. n° 19).

67. La dispense obtenue par l'acheteur d'appeler le vendeur à l'expertise, place ce dernier dans l'impossibilité de savoir, avant qu'il ait reçu l'assignation, que l'acheteur a opté pour la demande en réduction de prix.

Dans ce cas, aussitôt après qu'il **aura reçu la** copie de l'assignation, le vendeur devra se conformer à ce que nous avons dit n° 66, pour faire connaître et constater son offre de reprendre l'animal.

68. Cette offre sera suivie de la déclaration que l'on est prêt à restituer le prix reçu avec les intérêts de ce prix à partir du jour de **son** versement.

On offrira également de rembourser : 1° les dépenses de nourriture et d'entretien de l'animal, si elles n'ont pas été compensées par les services qu'il aura rendus; 2° les dépenses de maladie que l'animal aura pu occasionner; 3° les frais de la procédure suivie par l'acheteur, y compris les frais et honoraires des experts, s'ils ont, avant l'offre, procédé à leurs constatations et 4° les frais que l'acte passé pour constater la vente aura occasionnés.

L'acheteur devant être replacé au même état qu'il était avant le marché, les remboursements à lui faire, comprendront en un mot toutes les dépenses par lui faites et qui seront justifiées par leur nécessité.

69. La faculté pour le vendeur d'empêcher l'acheteur de demander une réduction de prix est expres-

sément subordonnée à ces restitutions et remboursements.

Toute omission des éléments qu'ils comprennent, comme aussi tout retard apporté dans leur versement, feraient obstacle à la reprise de l'animal et autoriseraient l'acheteur à suivre sur sa demande.

70. Il y a lieu de prévoir que des procès seront suscités par des contestations sur la suffisance ou l'insuffisance des restitutions et des remboursements offerts.

Le droit pour l'acheteur, de demander une réduction de prix et le droit, pour le vendeur, de reprendre l'animal seront suspendus jusqu'à ce que la décision ait été rendue.

Chacune des parties voulant dans ce cas garder l'animal, il n'y aura lieu, pendant le cours du procès, ni à sa mise en fourrière ni à sa vente aux risques et périls de qui il appartiendra.

71. L'article 3 ne déclare pas que pour l'action en réduction de prix, les délais et les formalités que la loi du 2 août 1884 prescrit, devront être observés.

Ce silence s'explique : car l'action en réduction de prix reposant sur le même principe que celui qui sert de fondement à l'action rédhibitoire, toutes les dispositions de la loi compatibles avec l'exercice de l'action en réduction de prix, devaient lui être applicables.

Les formalités de la mise en règle consistant dans la requête afin de nomination des experts, l'appel à l'expertise et la signification de la demande, seront accomplies.

Elles auront lieu dans les délais qui doivent être observés pour ces formalités, lorsqu'on exerce l'action rédhibitoire.

La demande en réduction de prix étant signifiée avant que les experts aient achevé leur mission, l'acheteur ignore dans ce cas, la réduction de prix qu'il doit réclamer et en est réduit à conclure dans son assignation à une réduction de prix, telle qu'elle sera arbitrée par experts.

Dans les affaires ressortissant de la juridiction civile, la demande, parce qu'elle est indéterminée, ne peut être dans ce cas, intentée devant la justice de paix.

Elle devra être intentée devant le tribunal civil de première instance. Aussitôt après la clôture du procès-verbal des experts, il sera pris des conclusions qui détermineront la demande en réclamant le montant de la réduction de prix qui aura été arbitrée par les experts.

La requête afin de nomination des experts devra énoncer que l'on entend réclamer une réduction de prix et demander de conférer aux experts chargés de constater l'existence du vice rédhibitoire, la mission en outre d'arbitrer la réduction de prix en résultant pour l'animal ; (form. nº 7.)

L'ordonnance du juge de paix devra aussi être modifiée et rendue selon la formule n° 8.

Les modifications à apporter dans l'ordonnance sont nécessitées, non-seulement par l'action choisie par l'acheteur, mais encore par l'empêchement, pour le juge de paix, de nommer un seul expert.

Il ne lui sera plus facultatif de nommer un ou trois experts.

Trois experts devront toujours dans ce cas être nommés.

L'article 1644 du Code civil visé dans l'article 3 est en effet ainsi conçu :

« Dans le cas des articles 1641 et 1643, l'ache-
« teur a le choix de rendre la chose et de se faire
« restituer le prix, ou de garder la chose et de se
« faire rendre une partie du prix, telle qu'elle sera
« arbitrée par experts. »

Ces dispositions, on le voit, sont exclusives de la nomination d'un seul expert.

Il s'agit en effet d'un véritable arbitrage ayant pour objet de fixer le montant de la réduction de prix et qui ne peut être que l'œuvre de trois experts.

L'acheteur prend le parti de garder l'animal parce qu'il apprécie que le vice rédhibitoire dont il le croit atteint, ne met pas sa vie en danger.

Il y aura lieu pour le juge de paix de tenir compte de l'absence de ce péril qui est l'un des cas nécessitant surtout les constatations immédiates des experts, pour n'autoriser la dispense de l'appel à l'expertise que lorsque d'autres motifs la rendront indispensable.

L'appel à l'expertise du vendeur toujours très utile, est encore plus nécessaire dans ce cas.

La présence de toutes les parties intéressées est en effet indispensable pour que les experts puissent être complètement éclairés et entourés de tous les renseignements de nature à leur faciliter l'accomplissement de leur mission.

L'assignation, au lieu de conclure à la résolution de la vente, devra se borner à demander une réduction de prix.

On se conformera pour cette assignation, à la formule n° 18 et, pour le jugement qui prononcera la réduction de prix, à la formule n° 20.

ARTICLE 4

Aucune action en garantie, même en réduction de prix, ne sera admise pour les ventes ou pour les échanges d'animaux domestiques, si le prix, en cas de vente, ou la valeur, en cas d'échange, ne dépasse pas 100 francs.

COMMENTAIRE

72. **L'article 4** constitue une dérogation, selon nous, regrettable au principe de garantie des vices rédhibitoires dans les ventes et les échanges.

Cette dérogation a été admise en vue d'empêcher, qu'à l'occasion d'une vente ou d'un échange
ayant pour objet un animal dont la valeur ne
dépasse pas 100 francs, il soit fait une procédure
dont les frais, quelque restreints qu'ils soient,
n'en constitueraient pas moins une dépense trop
élevée, eu égard au peu de valeur de l'objet en
litige.

Nous ne trouvons pas que ce motif soit suffisant
pour supprimer une garantie qui est de la nature
des contrats de vente et d'échange.

Il aurait été plus rationnel de considérer que les
intérêts de peu d'importance doivent être entourés
des mêmes protections que ceux d'une importance
plus grande.

Il aurait été, en outre plus juridique de laisser à
la partie intéressée, le soin d'apprécier ce qu'elle
doit faire.

Cette dérogation rendra nécessaire pour celui qui
voudra être garanti des vices rédhibitoires, de ne
pas omettre d'exiger qu'il lui soit souscrit un billet
de garantie.

73. Cette convention de garantie, même alors
qu'elle aurait, uniquement pour objet, les vices
rédhibitoires énumérés dans l'article 2, ne sera pas
régie par la loi du 2 août 1884.

Les dispositions de cette loi ne sauraient en effet
s'appliquer à des actions qu'elle interdit d'exercer.

L'acheteur ou l'échangiste qui usant de son

droit, aura stipulé des garanties, devra donc pour les exercer, recourir aux règles ordinaires de la procédure, sans avoir à observer aucun délai ni à accomplir aucune des formalités prescrites par la loi du 2 août 1884.

74. L'application de l'article 4 ne présentera aucune difficulté, lorsqu'il s'agira d'une vente.

Le prix y étant déterminé, le droit de se prévaloir de l'article 4 ne pourra être contesté.

Pour les échanges au contraire; il y a lieu de prévoir que l'article 4 sera une source de difficultés.

Il est de l'essence du contrat d'échange qu'aucun prix ne soit stipulé.

L'article 1702 du Code civil définit en effet l'échange : « un contrat par lequel les parties se « donnent respectivement une chose pour une « autre. »

Le silence du contrat sur le prix de chacun des animaux échangés permettra à l'échangiste assigné en résolution de l'échange, d'opposer que la valeur des animaux ne dépasse pas 100 francs et qu'en conséquence l'action n'est pas recevable.

Le fait seul d'opposer cette fin de non recevoir aura pour résultat d'entraver l'exercice de l'action rédhibitoire.

Le juge saisi de cette action devra alors surseoir à statuer, jusqu'à ce qu'il ait été prononcé sur la valeur des animaux.

75. La loi du 2 août 1884 ne comprend aucune disposition pour cette estimation à faire.

Le demandeur en sera réduit à laisser en suspens le procès sur son action rédhibitoire et à intenter une seconde instance ayant pour objet de déterminer la valeur des animaux.

Cette seconde instance qui ne pourra jamais être intentée devant le juge de paix, par le motif qu'il s'agit d'une valeur indéterminée, sera formée et suivie selon les règles ordinaires de la procédure.

Elle nécessitera deux jugements : le premier nommant les experts avec mission de donner leur avis sur la valeur des animaux ; le second statuant sur cette valeur.

S'il résulte de ce second jugement que chacun des animaux échangés avait une valeur dépassant 100 francs, l'obstacle à l'exercice de l'action rédhibitoire sera levé ; et c'est alors seulement que la fin de non recevoir étant repoussée, le procès sur l'action rédhibitoire pourra être suivi.

76. Il n'existera qu'un moyen d'éviter ces difficultés et ces longues et coûteuses procédures.

Ce moyen consistera à avoir le soin, lors de l'échange, de passer un acte fait double, dans lequel la valeur de chacun des animaux échangés sera déterminée. (form. n° 21.)

ARTICLE 5

Le délai pour intenter l'action rédhibitoire sera de neuf jours francs, non compris le jour fixé pour la livraison, excepté pour la fluxion périodique, pour laquelle ce délai sera de trente jours francs, non compris le jour fixé pour la livraison.

COMMENTAIRE

77. Les vices énumérés par l'article 2 sont appelés *rédhibitoires* parce qu'ils entraînent la remise de l'animal au vendeur contre la restitution du prix à l'acheteur.

78. Ils ne sont une cause de résolution des marchés que lorsqu'il est établi qu'ils existaient au moment du contrat.

79. La manifestation de ces vices dans le délai fixé par l'article 5 est réputée par la loi comme constituant cette preuve.

Il en résulte que le vendeur ne peut être admis à prouver que le vice ne serait survenu que depuis la vente.

S'il en était autrement, la garantie de droit établie par la loi en vue d'assurer la sécurité des transactions disparaîtrait, comme aussi la raison d'être de la loi.

80. Le délai est de neuf jours non compris le jour

fixé pour la livraison, excepté pour la fluxion périodique des yeux pour laquelle il est de trente jours.

Cette exception a été admise par le motif que la fluxion périodique des yeux ne se révèle que par des accès à de longs intervalles.

81. Pendant le délai fixé par l'article 5, le vendeur est tenu envers l'acheteur de la garantie des vices rédhibitoires; de là, ce délai a été dénommé *délai de garantie*.

82. Ce délai est franc : l'article 5 le déclare expressément.

Ainsi, devient sans objet la controverse qui, sous la loi de 1838, avait été soulevée à ce sujet et qui avait abouti à une jurisprudence unanime reconnaissant que le délai devait être franc.

83. Le délai est franc lorsque la formalité peut être valablement accomplie, le lendemain du dernier jour du délai.

Il en sera donc ainsi, pour l'action rédhibitoire.

L'assignation sera, selon le cas rédhibitoire, régulièrement signifiée le dixième ou le trente et unième jour.

84. Le point de départ du délai de garantie joue un rôle important dans l'exercice de l'action rédhibitoire.

Il sert à déterminer si cette action a été intentée dans le délai utile et si par conséquent elle est recevable.

85. Un jour étant fixé pour la livraison, c'est à partir du lendemain de ce jour que le délai de garantie commence à courir.

Le point de départ du délai de garantie est fixé au lendemain du jour convenu pour la livraison afin que tous les jours du délai soient pleins et entiers.

Ce point de départ du délai de garantie est ainsi fixé; que l'animal ait été ou n'ait pas été livré.

Si le vendeur est prêt à livrer, l'acheteur ne peut effet s'en prendre qu'à lui, s'il n'a pas l'animal en sa possession.

86. Si, au contraire, il y a refus de livrer de la part du vendeur, l'acheteur ne peut encore s'en prendre qu'à lui.

Le délai n'en court pas moins du lendemain du jour fixé pour la livraison, parce qu'il lui suffit, pour l'empêcher de courir ou pour interrompre le cours, de mettre par une sommation (form. n° 23) le vendeur en demeure de livrer.

Le délai ne commencera ou ne recommencera alors à courir que le lendemain du jour de la livraison de l'animal.

87. Le jour fixé pour la livraison peut être anticipé et l'animal livré antérieurement à ce jour.

Dans ce cas, le point de départ du délai ne sera plus le lendemain du jour convenu pourla livraison, mais le lendemain du jour de la livraison anticipée.

88. Le vendeur n'exécute pas l'engagement qu'il a pris de conduire l'animal chez l'acheteur au jour fixé pour la livraison.

Cet engagement a lieu surtout lors des marchés conclus en foire.

Son inexécution n'a pas pour effet d'empêcher que le lendemain du jour fixé pour la livraison, ne soit pas moins le point de départ du délai de garantie.

89. L'acheteur, au moyen d'une mise en demeure, (form. n° 23) pourra y faire obstacle.

Il en sera ainsi, lorsque la sommation aura été signifiée le jour même ou, au plus tard, le lendemain du jour, auquel l'animal devait être conduit chez lui.

La sommation signifiée un jour ultérieur, aura seulement pour conséquence d'interrompre le cours du délai.

90. Nous avons jusqu'ici, supposé qu'un jour fixé pour la livraison avait été convenu.

En l'absence de toute convention à ce sujet, le point de départ du délai, sera le lendemain du jour du marché si, aussitôt après sa conclusion, l'acheteur prend livraison de l'animal.

La livraison n'ayant lieu au contraire, que postérieurement au marché; le point de départ du délai ne sera que le lendemain du jour auquel l'animal aura été livré.

91. Dans les ventes à l'essai, le marché n'est conclu que lorsque l'animal a été agréé par l'acheteur; (art. 1558 Code civil.)

Le contrat n'existant pas avant l'événement de cette condition, le délai de garantie ne peut courir pendant le temps convenu pour l'essai ; alors même que l'acheteur serait en possession de l'animal.

Il a été fait l'application de ce principe par l'arrêt suivant :

La Cour : « Attendu qu'il est établi aux débats
« qu'Arnaudet ayant besoin d'appareiller la ju-
« ment qui lui restait, se mit en rapports avec
« Amillard et Hublot, et, qu'à la date du 28
« mars 1873, Hublot lui proposait de lui en-
« voyer une jument brune de cinq ans pouvant
« appareiller la sienne et qu'il offrait de laisser au
« prix de 1,800 fr.; attendu qu'il est également
« reconnu et incontesté qu'à ce moment même,
« Hublot ajoutait : « Comme vous ne voyez pas la
« jument, voici ce que je vous propose : à la foire
« de mai, vous me donnerez 1,800 fr., ou vous me
« rendrez la jument si elle ne vous convient pas »;
« attendu que la jument annoncée arrivait à Niort
« le 4 avril et que, le 7 mai 1873, Arnaudet décla-
« rait que la jument et le prix lui convenaient et
« payait 1,800 fr. à Hublot; attendu que, dans les
« termes et les circonstances ainsi précisés, il est
« évident que, jusqu'au 7 mai, Arnaudet conser-
« vait son absolue liberté et sa complète indépen-

« dance; attendu qu'il lui était parfaitement loi-
« sible et qu'il était dans son droit d'acheter ou de
« ne pas acheter, suivant qu'il lui conviendrait ou
« qu'il ne lui conviendrait pas de le faire; at-
« tendu qu'il n'y a eu concours des deux consen-
« tements et que les deux volontés ne se sont
« rencontrées pour la vente qu'à la date du 7 mai
« et, qu'à cette date seulement, la vente a été
« parfaite et complète; attendu que le délai im-
« parti pour exercer l'action en annulation de la
« vente ne pouvait courir avant qu'il y eût vente
« et qu'il n'a couru que du jour où Arnaudet est
« devenu acquéreur; attendu que, sous aucun
« rapport, pour la supputation du délai, on ne
« saurait se référer à la date du 4 avril, alors qu'à
« cette date, la vente n'existait pas et que la réa-
« lisation de l'évènement ne peut faire qu'il y ait
« eu contrat à une époque où il n'y avait pas con-
« sentement synallagmatique à la vente; attendu
« que le fait de livraison ou de détention antérieure
« ne peut suffire, contre le gré des parties, à cons-
« tituer la vente et que le terme générique de
« livraison de la loi de 1838, en s'appliquant à un
« fait généralement caractéristique, implique na-
« turellement l'idée d'une vente consentie; qu'il
« ne porte, d'ailleurs, aucune atteinte à la spécia-
« lité du fait et de la convention intervenue;
« attendu que la vente ayant eu lieu le 7 mai 1873,
« et la requête afin de la nomination d'un expert
« ayant été présentée le 20, l'ordonnance d'exper-

« tise à la même date, et l'assignation ayant été
« donnée le 31 mai, il résulte que l'action rédhibi-
« toire a été intentée dans le délai légal ; attendu
« que du procès-verbal dressé par Clerc vété-
« rinaire au 7e cuirassiers, en garnison à Niort à la
« date du 20 mai 1873, il résulte la preuve que la
« jument vendue par Hublot à Arnaudet était
« atteint_ de la fluxion périodique des yeux, vice
« rédhibitoire aux termes de la loi du 20 mai
« 1838 ; attendu que la constatation du vice rédhi-
« bitoirc a été régulièrement faite ; qu'elle n'est
« repoussée par aucune articulation sérieuse et
« précise ; qu'elle offre d'ailleurs toute garantie et
« qu'une expertise nouvelle est complètement inu-
« tile ; confirme, etc.» (Poitiers, 28 juin 1873 ;
« S. 1874, 2, 99.)

Dans l'espèce qui a donné lieu à l'arrêt que
nous venons de rapporter, l'acheteur était, dès
avant la conclusion du marché, en possession de
l'animal.

Il n'y avait plus à le lui livrer et dès lors, ainsi
que l'arrêt l'a déclaré, c'était au jour auquel l'animal avait été agréé et le contrat définitivement
formé, qu'il fallait s'attacher pour fixer le point de
départ du délai de garantie.

Toutefois, nous devons faire remarquer que c'est
à tort que l'arrêt déclare que ce point de départ
sera le jour même de la formation définitive du
contrat.

Il n'en doit pas être ainsi : car, **par les raisons** que nous avons indiquées n° 85, c'est seulement, **le** lendemain du jour de la formation du contrat, que dans l'espéce sur laquelle la Cour de Poitiers **a** statué, le délai de garantie devait **commencer à** courir.

L'animal, pendant l'essai, **a pu au contraire** rester en la possession du vendeur **chez lequel** l'essai aura eu lieu.

Dans ce cas, deux hypothèses peuvent se présenter :

La convention de la vente à l'essai aura fixé le **jour** auquel, après l'agréement de l'animal, **sa** livraison aurait lieu.

Le point de départ du délai de garantie **sera le** lendemain de ce jour ainsi fixé.

Aucun jour de livraison n'ayant **été convenu, le** point de départ du délai sera alors, **le** lendemain du jour auquel le vendeur aura livré **l'ani**mal ou, sur le refus de l'acheteur **d'en prendre** livraison, le lendemain de la sommation **de se livrer** que le vendeur lui aurait fait signifier; (form. n° 25.)

On peut acheter un animal dont on était déjà en possession ; soit parce qu'il avait été loué, prêté, confié pour sa garde **ou pour tout autre** motif.

Dans ce cas, il n'y a pas lieu à livraison de l'animal et le point de départ du délai de garantie sera le lendemain du jour auquel le contrat de vente sera intervenu.

92. Dans les ventes faites sous toute autre condition, l'existence du marché est subordonnée à l'événement de la condition; (art. 1168 Code civil.)

Un jour de livraison après l'événement de la condition, ayant été fixé; ce sera le lendemain de ce jour, que le délai de garantie commencera à courir.

A défaut de jour de livraison fixé, le point de départ du délai de garantie sera le lendemain du jour auquel l'acheteur aura pris livraison ou aura été mis en demeure de se livrer; (form. n° 25.)

Le vendeur pourrait se réserver la faculté de rachat de l'animal pendant un délai convenu.

Cette stipulation constitue la vente dite à réméré.

L'acheteur ne devient pas moins, dans ce cas, propriétaire de l'animal par le fait du contrat et, dès lors, les mêmes règles que nous venons de tracer pour le point de départ du délai de garantie, seront applicables au marché avec faculté de rachat, c'est-à-dire à la vente à réméré.

93. L'acheteur, après avoir pris livraison de l'animal, prétend qu'il n'y a pas eu de marché conclu et qu'en conséquence il n'y a pas lieu pour lui à l'exécuter; il renvoie l'animal au vendeur qui aussitôt lui fait signifier, (form. n° 24), une sommation de le reprendre; avec déclaration qu'il n'entend

ne l'avoir qu'en fourrière **et pour le compte de** l'acheteur.

Sur cette contestation. intervient **un** jugement déclarant que le marché existe **et en** ordonnant l'exécution.

Si aucun jour n'avait été fixé pour la livraison, le point de départ du délai de garantie sera le lendemain du jour de la sommation que le vendeur aura fait signifier à l'acheteur. (Walter c. Cordier) La Cour : « Considérant que. par acte extrajudiciaire « du 11 avril 1867. Walter a mis Cordier en de- « meure de prendre livraison immédiatement, dé- « clarant ne conserver les chevaux qu'en fourrière, « au compte de l'acheteur; que cette sommation a « fixé l'époque de la livraison et a fait courir le « délai de neuf jours imparti pour intenter l'action « en résolution; » Paris, 5 mai 1868; *le Droit*, n° du 10 mai 1868.

94. L'article 5 déclare expressément que l'action rédhibitoire doit être intentée dans le délai de garantie.

M. Bovier-Lapierre député adressa néanmoins au rapporteur de la Commission, dans la séance de la Chambre des députés du 30 juillet 1884, la question suivante :

« Je voudrais, a-t-il dit, demander une simple « explication à M. le Rapporteur. Dans la pensée « de la Commission, est-ce que les délais stipulés « pour l'expertise et l'introduction de l'action

« sont des délais successifs, ou au contraire,
« l'action doit-elle toujours être intentée avant
« l'expiration du neuvième jour ? telle est actuel-
« lement la jurisprudence de la Cour de cassa-
« tion. »

A cette question, M. le Rapporteur a répondu :
« Le texte du projet de loi ne laisse, je crois, pas
« de doute s'il est certain que l'action doit être
« intentée dans les neuf jours. Si les experts
« nommés au dernier moment par le juge de
« paix, ne procèdent pas à l'instant même ; ils
« continuent leur mission ; mais le délai de neuf
« jours pour l'action, sauf les délais de distance,
« est un délai de rigueur et se trouve maintenu. »

M. Bovier-Lapierre : « Alors vous voulez que,
« toujours, l'action soit introduite dans les neuf
« jours ? »

M. le Rapporteur : « Oui. »

Ces explications qui se produisirent sur l'article 7 ; auraient dû également énoncer le délai
de trente jours qui avait été précédemment
admis dans l'article 5, pour la fluxion périodique
des yeux.

L'obligation, pour l'acheteur, de former sa
demande dans les délais fixés par les articles 5
et 6, se trouve donc plus que surabondamment
établie.

95. L'action rédhibitoire se fondant, nous
l'avons dit, sur l'entière bonne foi du vendeur et
sur une erreur commune partagée par le ven-

deur et par l'acheteur, a pour résultat de replacer les contractants, au même et semblable état qu'ils étaient avant le contrat.

Les conséquences de ce principe sont appliquées par l'article 1646 du Code civil qui dispose : que le vendeur restituera le prix et remboursera à l'acquéreur les frais occasionnés par la vente.

Pour que le but de la loi soit atteint ; le vendeur restituera 1° le prix qu'il aura reçu ; 2° les intérêts de ce prix courus à partir du jour de son versement ; (Cass. 13 mars 1877 ; *le Droit*, n° du 18 mars 1877 ; D. R., v° Vices rédhibitoires ; 155) ; 3° les frais et loyaux coûts du contrat et de la quittance du prix ; si ces actes ont donné lieu à des droits d'enregistrement et à d'autres frais ; 4° les frais de procédure y compris ceux de l'expertise et les honoraires des experts ; 5° les dépenses de nourriture, d'entretien de l'animal et 6° les dépenses qui auront pu être nécessitées par une maladie.

Il n'y aura pas lieu à ces deux dernières restitutions ; si l'animal quoique atteint d'un vice rédhibitoire, a, néanmoins, rendu à l'acheteur des services qui ont compensé, pour lui, les dépenses de nourriture, d'entretien et de maladie,

Si l'action récursoire en garantie a été exercée et qu'elle ait été admise ; le premier vendeur, outre les restitutions qu'il doit à son acheteur, sera tenu de lui rembourser les frais de la procédure qui aura été suivie contre lui et les frais de contrat occasionnés par la revente ; (Rennes, 2 juin 1846 ; Cass., 29 juin 1847, S. 1848, 1.705.)

96. Le contrat résolu, le vendeur est tenu d'aller reprendre, à ses frais, l'animal au lieu où il se trouve au jour de la résolution. (Trib. com. de la Seine ; *le Droit*, n° des 15 et 16 juillet 1839.)

97. L'acheteur ayant, depuis le jour de la résolution du marché prononcée, conduit l'animal dans un lieu plus éloigné que celui où il se trouvait ce jour, le vendeur ne serait pas tenu de rembourser le surcroît de dépenses occasionnées par ce déplacement, pour le retour de l'animal chez lui.

Les charges du vendeur ne sauraient être aggravées par un fait accompli par l'acheteur ; car le marché étant résolu, il n'a plus aucun droit sur l'animal et n'a plus qu'à le rendre.

98. Les dépenses que cette reprise de l'animal occasionne au vendeur peuvent le faire différer à en reprendre possession.

En prévision de ces retards, l'acheteur devra demander dans son assignation, à être autorisé, par le jugement qui prononcera la résolution de la vente, à faire vendre judiciairement l'animal aux risques du vendeur, à défaut par lui d'en avoir repris possession dans le délai qui lui sera imparti par le jugement. Il demandera en outre à être autorisé à recevoir le produit de la vente, en déduction ou jusqu'à due concurrence de la somme qu'il réclame.

99. Les dépenses de nourriture et autres occasionnées par l'animal, pendant le délai accordé par le jugement, seront à la charge du vendeur.

Il ne serait pas, toutefois, tenu de les rembourser, si l'animal avait rendu à l'acheteur des services de nature à compenser ces dépenses.

L'acheteur rendra le croît qui serait survenu chez lui, les harnais et autres objets vendus avec l'animal.

Ces harnais et autres objets ayant subi une dépréciation chez l'acheteur, il devra en tenir compte au vendeur.

Un temps plus ou moins long peut s'écouler, avant que le procès ait reçu sa solution.

L'acheteur qui voudra, pendant le cours du procès, s'affranchir de tous les risques auxquels l'animal est exposé, devra se faire autoriser à le mettre en fourrière.

Il se conformera, pour obtenir cette autorisation, aux règles que nous indiquerons n° 241.

La mise en fourrière se prolongeant entraîne des frais souvent trop élevés, eu égard à la valeur de l'animal.

Il est de l'intérêt de toutes les parties de les éviter.

On y parviendra en obtenant l'autorisation de faire vendre l'animal aux risques et périls de qui il appartiendra, c'est-à-dire de celle des parties qui perdra son procès.

Cette vente, s'il s'agit d'une contestation non

commerciale, sera autorisée par une ordonnance
de référé rendue par le président du tribunal civil, dans l'arrondissement duquel, sera le domicile
de la partie contre laquelle le référé sera introduit ;
(form. nº 27.)

La contestation étant au contraire commerciale ;
au tribunal de commerce seul, il appartiendra d'autoriser cette vente, non plus par une ordonnance de
référé, mais par un jugement.

**Il sera procédé à la vente pas un commissaire-
priseur ou** par un **huissier ou** le greffier de la
justice de paix, dans les localités où, à défaut de
commissaire-priseur, **ils en exercent les fonctions.**

Cette vente aura lieu aux enchères publiques,
et sera précédée des formalités de publicité accomplies pour les ventes judiciaires.

Le produit de la vente sera, prélèvement fait des
frais de vente, versé à la caisse des dépôts et consignations, par l'officier public qui y aura procédé,
pour être remis à celle des parties qui aura perdu
son procès.

100. On vend souvent un cheval avec la voiture à
laquelle il servait.

Le cheval étant l'objet principal du marché ; par
l'application du principe de droit : que l'accessoire
suit le sort du principal, la résolution de la vente
pour le cheval, entraînera aussi la résolution de la
vente pour la voiture.

Le contraire aurait lieu, si la voiture était l'objet principal du marché ou même si, pour les contractants, elle constituait un objet aussi important que le cheval.

La résolution ne s'appliquerait alors, qu'au cheval et ne réfléchirait en rien sur le marché concernant la voiture qui continuerait à recevoir son exécution.

Le principe de l'accessoire suivant le sort du principal resterait sans effet; la voiture et le cheval ayant fait chacun, l'objet d'un contrat distinct.

Les mêmes solutions sont applicables à des harnais et autres objets se rattachant au service et à l'usage de l'animal et qui ont été vendus en même temps.

101. L'acheteur tiendra compte au vendeur de la dépréciation subie par l'animal par suite de l'usage qu'il en aura fait.

102. Il rendra, au cas de mort de l'animal, les produits de l'équarrissage, du cuir et de tout ce qui en restera.

103. Les animaux vendus formant un attelage composent un tout, en vue duquel le marché a été accepté et le prix fixé.

Il en résulte que le vice rédhibitoire de l'un des animaux vendus, entraînera la résolution du marché pour sa totalité.

Le motif qui, dans ce cas, a déterminé l'ache-

teur consiste dans des conditions de race, de poil,
de taille, d'âge, d'aptitudes et d'allures permettant
de les atteler ensemble. (Trib. de com. de Versailles
12 janvier 1839. — Trib. de com. de Versailles
20 janvier 1839. — Paris 22 février 1839; *le Droit*,
n° du 23 février 1839; D. R., v° Vices rédhibitoires,
270. Paris 23 déc. 1865; *le Droit*, n° du 2 février 1866).

ARTICLE 6

*Si la livraison de l'animal a été effectuée hors
du lieu du domicile du vendeur ou si, après la
livraison et dans le délai ci-dessus, l'animal a
été conduit hors du lieu du domicile du vendeur, le délai pour intenter l'action sera augmenté à raison de la distance, suivant les
règles de la procédure civile.*

COMMENTAIRE

104. Dans les circonstances prévues par l'article
6, le vendeur n'a pas son domicile dans le lieu où
l'animal se trouve.

Il faut, selon l'article 68 du Code de procédure
civile, que l'acheteur lui fasse signifier sa demande
à ce domicile, et un temps plus long lui est nécessaire pour accomplir cette formalité.

Le délai pour faire cette signification devait, par
conséquent être augmenté, à raison de la distance

existant entre le lieu où l'animal se trouve et le domicile du vendeur.

105. Cette augmentation de délai a lieu, suivant les règles de la procédure civile, c'est-à-dire conformément aux dispositions de l'article 1033 du Code de procédure civile, modifié par la loi du 3 mai 1862.

Il sera augmenté d'un jour, à raison de 5 myriamètres de distance entre le lieu où l'animal se trouve et le domicile du vendeur.

106. La distance sera calculée, en prenant pour base, non une ligne géométrique tracée à vol d'oiseau, mais le parcours le plus direct entre deux localités.

(Danos c. Brun). Le Tribunal : « Attendu que « l'opposition formée par Danos fils et Cie contre le « jugement du 16 novembre dernier, est fondée sur « deux moyens pris; l'un, de ce que les délais pour « comparaître n'étaient pas échus au moment où « ledit jugement a été rendu; l'autre, de ce que le « marché, sur l'exécution duquel il a été prononcé, « aurait été résilié; attendu, relativement au pre- « mier moyen, qu'en supposant que le jugement du « 16 novembre eût été pris prématurément, les « droits de Brun n'en resteraient pas moins entiers « et que le bénéfice que Danos fils et Cie pourraient « retirer de leur opposition se réduit à une question « de dépens, c'est-à-dire, au point de savoir qui « devrait supporter les frais du jugement dont il « s'agit; que cet intérêt est évidemment minime;

« qu'il ne mérite guère de fixer l'attention de la jus-
« tice et que, au surplus, il peut recevoir satisfac-
« tion aujourd'hui même ; attendu d'ailleurs que,
« suivant la loi du 3 mai 1862, le délai des distances
« doit être réglé par 5 myriamètres et non plus, par
« chaque 3 myriamètres, comme sous l'empire du
« Code de procédure civile ; attendu qu'en tenant
« compte de cette nouvelle supputation des délais,
« on arrive à se convaincre que Brun a pu requérir
« jugement de défaut le 16 novembre contre Danos
« fils et C^{io} qui ont été cités le 7 ; que la distance
« qui sépare Avignon de la ville d'Albi, en ligne
« directe, n'atteint pas 300 kilomètres, et, dans tous
« les cas, ne dépasse pas ce chiffre ; que, sans doute,
« on peut obtenir un nombre supérieur de kilomè-
« tres, en calculant la distance sur le parcours que
« l'on peut suivre en passant par Toulouse, c'est-à-
« dire en contournant le département du Tarn ; mais
« que ce mode de calcul ne saurait être accepté, et
« qu'il faut évidemment s'arrêter à celui qui prend
« pour base la ligne directe entre Avignon et Albi,
« et dont on peut supposer le centre à Lodève..... ;
« Par ces motifs, etc. » Tribunal de commerce d'Avignon, 25 janvier 1866. Appel par Danos : « LA COUR,
« adoptant les motifs des premiers juges, confirme,
« etc. » Nîmes, 4 février 1866 ; S. 1866, 2, 252.

Les fractions de moins de 4 myriamètres ne
seront pas comptées et les fractions de 4 myriamètres et au-dessus, augmenteront le délai d'un jour
entier.

107. Le dernier jour du délai étant un jour **férié**, le délai sera prorogé au lendemain; (art. 1033 Code proc. civ.).

Plusieurs jours fériés se suivant, le **délai serait** prorogé **au** lendemain du dernier jour férié.

108. Les jours fériés intermédiaires, c'est à-dire ceux compris dans le cours du délai, **ne** l'augmentent pas.

La disposition finale de l'article 1033 **du** Code **de** procédure civile déclarant que si le *dernier jour* **du** délai est un jour férié, le délai sera prorogé au lendemain, dit, implicitement, qu'aucun autre **jour** férié n'augmentera le délai.

109. Le point de départ du délai étant **un jour** férié, le délai n'en commencera pas moins à **courir** à partir de ce jour. D. R., v° Délai, 53 et v° Jour férié, **43**.

Les jours fériés sont les dimanches **et les fêtes** religieuses conservées par les articles organiques de la convention du 26 messidor an IX (15 juillet 1801), savoir : l'Ascension, l'Assomption, la Toussaint et Noël.

Il faut ajouter, d'après un avis du Conseil d'État du 13 mars 1810, le premier jour de l'an, le **14** juillet d'après la loi du 6 juillet 1880 et les **lundis** de Pâques **et de la** Pentecôte d'après **la loi du 8** mars 1886.

110. L'animal, après sa livraison, **est conduit** hors du lieu du domicile du vendeur, **puis tou-**

jours pendant le délai de garantie, il est encore
déplacé et reconduit dans un autre lieu plus rapproché du domicile du vendeur.

On a soutenu dans ces circonstances, que,
malgré ce second déplacement, le délai, pour la
signification de la demande, n'en devrait pas
moins être calculé à raison de la distance ayant
existé entre le lieu où, après sa livraison, l'animal avait été primitivement conduit et le domicile du vendeur.

Cette opinion n'a pas été admise par la jurisprudence.

(Colas c. Truchon.) LA COUR : Vu les articles 3
« et 4 de la loi du 20 mai 1838 ; attendu que le
« délai de droit comme le délai de distance, en
« matière d'action rédhibitoire, sont déterminés
« d'une matière claire et précise par la loi du
« 20 mai 1838 ; que, d'après l'article 3, le délai de
« droit est, en général, et, sauf quelques excep-
« tions, de neuf jours ; que, d'après l'article 4, ce
« délai doit être augmenté d'un jour par 5 myria-
« mètres de distance du domicile du vendeur au
« lieu où l'animal se trouve, et qu'il résulte évi-
« demment de ces expressions, que la distance
« à considérer, pour la fixation du délai, est celle
« qui existe entre le domicile du vendeur et le
« lieu ou l'animal se trouve au moment où l'ac-
« tion est intentée ; que, dans l'espèce, les parties
« n'ont contesté que sur le point de savoir quelle
« serait la manière de calculer la distance, c'est-

« à-dire le point de départ et celui d'arrivée, et
« que, dès lors, en décidant que le délai de dis-
« tance devait être mesuré sur celle **qui** existait
« entre le domicile du vendeur et le lieu où l'ani-
« mal **avait** été conduit immédiatement après la
« livraison, le tribunal a ouvertement violé l'ar-
« ticle **4** de la loi précitée; **Cass. etc.** » (Cass.
13 janvier 1845. S. 1845, 1, 8.)

L'arrêt que nous rapportons **se fonde sur** le
**véritable motif qui a fait admettre l'augmenta-
tion du délai.**

Ce motif consistant dans **le temps plus long**
qu'il faut à l'acheteur pour faire signifier **sa** demande, cette augmentation de délai devait être
calculée à raison de la distance existant entre le
lieu où l'animal **se** trouve au moment où la demande est intentée, et le lieu où la demande doit
être signifiée, c'est-à-dire le domicile **du** vendeur.

111. L'acheteur revend l'animal ; cette revente
donne lieu contre lui à l'action rédhibitoire.

Pourra-t-il exercer contre son vendeur un recours en garantie?

Le fait de la revente **n'y** fait pas obstacle. Ce
recours lui est ouvert et le droit de l'exercer **n'a**
jamais été constesté. (form. n° **22.**)

112. Cette **action** récursoire **tend aux** mêmes
restitutions que celles qu'il aurait demandées, s'il
avait agi **contre son** vendeur **par voie** d'action
principale.

Peu importe que le prix de la revente de l'animal ait été plus élevé que celui versé à l'appelé en garantie.

Ce dernier n'est tenu de restituer que **ce** qu'il **a** reçu.

113. Il y est ajouté les frais de la demande en garantie, ceux du contrat; de la mise en fourrière si elle a eu lieu, et les dépens auxquels le demandeur en garantie sera condamné vis-à-vis du demandeur principal.

Le vice existait lors de la première vente et dès lors, le premier vendeur doit en subir toutes les conséquences.

114. Il est d'usage, dans les procédures de demande en garantie, de dénoncer à l'appelé en garantie, la demande principale et tous les actes signifiés par le demandeur principal.

La loi du 20 mai 1838 ne prescrivait pas cette formalité et il était reconnu par la jurisprudence que son inaccomplissement ne rendait pas la demande en garantie non recevable; (Orléans, 12 décembre 1882; *la Loi*, n° du 29 octobre 1883.)

Cette jurisprudence doit être suivie sous la loi du 2 août 1884 qui, comme la loi de 1838, n'a pas prescrit cette formalité.

Nous pensons néanmoins qu'il y aura lieu de **le faire**, pour que l'appelé en garantie sur lequel **tout** peut finalement réfléchir, soit tenu au courant de tous les actes de la procédure.

115. Dans quel délai, l'action récursoire en garantie devra-t-elle être formée pour **qu'elle soit** recevable?

Plusieurs systèmes ont été soutenus.

Le premier reconnaissait que le délai de **garantie** devait être observé; mais que son point **de** départ, pour la signification de la demande **en** garantie, était la date de la demande principale.

Le second système n'admettait pas l'observation du délai de garantie et soutenait que les dispositions de l'article 175 du Code de procédure civile qui prescrivent que la demande en **garantie** doit être formée dans la huitaine du jour **de la** demande originaire, devaient être suivies.

Le troisième système soutenait enfin, **que** l'action récursoire en garantie n'était recevable, qu'à la condition que celui qui l'exerce soit encore au regard de son vendeur, **dans le délai de** garantie fixé par la loi.

Le premier de ces trois systèmes fut **admis** par un jugement de la 4ᵉ chambre du tribunal civil de la Seine, rendu le 27 juillet 1856, dans les termes suivants : « *Attendu* que le cheval « vendu par Liard à Guérin le **7 avril** der- « nier, a été revendu le 9 du même mois par « Guérin à Guiot; attendu que dès le 19 Guérin « a appelé Liard son vendeur en garantie; « seule action qu'il pût introduire, puisque **son** « recours n'existait qu'en cas d'admission **de la** « demande principale ; attendu **que** cette demande « en garantie a été, elle-même, formée contre

« Liard dans les délais prévus par l'article 3 de la
« loi du 20 mai 1838, laquelle a été, exactement,
« observée, etc. » (*Gazette des Tribunaux*, n° des
28 et 29 juillet 1876.)

Le délai de garantie contre Liard était ainsi augmenté de trois jours.

Sans la revente, il n'était tenu de la garantie que jusqu'au 16 avril et, par le fait de la revente, il s'en trouvait encore tenu le 19 avril.

Le principe de protection que **la loi a pour** but d'accorder aussi bien au vendeur qu'à l'acheteur, était méconnu au préjudice du vendeur Liard.

Le second système suivant lequel l'article 175 du Code de procédure civile doit être appliqué, a été repoussé par le jugement du tribunal civil de Montmédy rendu le 12 novembre 1868, et dont voici les termes : Sur la demande en garantie, « attendu que
« le cheval ayant été livré par Hubert-Laurent
« Renesson à Dabin, le même jour où il a été vendu
« et livré par celui-ci à Hanotel, le point de départ
« du délai a été le même, tant pour l'action récur-
« soire que pour l'action principale ;

« Attendu que la loi de 1838 n'établissant au-
« cune distinction, quant aux délais qu'elle éta-
« blit sous peine de forclusion, entre l'action
« principale et l'action récursoire rédhibitoire, il
« s'en suit que ces délais sont les mêmes pour
« l'une et pour l'autre ; qu'en effet, il est élémen-
« taire, en matière d'interprétation des lois, qu'on

« ne peut distinguer là où le législateur ne distin-
« gue pas lui-même ;

« Attendu maintenant, que les inconvénients
« signalés, comme conséquence du système qui
« veut aussi, que l'action récursoire fondée sur
« un vice rédhibitoire, soit intentée dans le même
« délai que l'action principale, pourraient être un
« motif; si la loi était à faire, d'en modifier les
« dispositions, mais qu'ils ne sauraient dispenser
« d'appliquer cette loi telle qu'elle est ;

« Attendu que, dans l'intérêt de Dabin, on fait
« valoir que la loi de 1838 n'a pas prévu les ac-
« tions en garantie formées par un second ven-
« deur qui est atteint par l'action rédhibitoire
« contre le premier vendeur et qu'il y a lieu, dès
« lors, de faire application de l'article 173 du Code
« de procédure civile ; mais que ce raisonnement
« n'est qu'une flagrante pétition de principe, puis-
« que la question est précisément de savoir si, en
« fixant un délai fatal, ladite loi de 1838 n'a pas eu
« en vue les actions récursoires aussi bien que les
« actions principales pour vices rédhibitoires, etc. »

Le troisième système qui n'admet l'exercice du
recours en garantie du second vendeur contre le
premier que tout autant qu'au regard de ce dernier,
le délai de garantie ne soit pas expiré, était appliqué dès avant la loi du 20 mai 1838.

(Delaboulaye c. Pineau). La Cour : « Vu l'ar-
« ticle 1648 du Code civil et l'arrêt du 30 jan-

« vier 1728; attendu que le législateur a voulu,
« dans l'intérêt du commerce, que l'action résultant
« des vices rédhibitoires fût intentée par l'acqué-
« reur dans un bref délai; que le délai se règle,
« d'après la nature des vices rédhibitoires et l'u-
« sage du lieu où la vente a été faite; qu'en Nor-
« mandie, ce délai était de trente jours, aux ter-
« mes d'un arrêt du 30 janvier 1728; que la loi ne
« distinguant pas entre l'action principale et ré-
« cursoire, l'une comme l'autre doivent être diri-
« gées contre le premier vendeur, dans le délai fixé
« par la coutume, l'usage du lieu de la vente, ou
« les règlements intervenus à ce sujet; que, dans
« l'espèce, si le vice a été constaté à l'occasion d'une
« vente faite en Normandie, avant l'expiration des
« trente jours, l'action récursoire en résultant n'a
« été exercée contre le premier vendeur, qu'après
« l'expiration de ce délai; que, dès lors, elle ne
« l'a pas été en temps utile; qu'en décidant le
« contraire, le jugement attaqué a expressément
« violé la loi précitée; casse, etc. » (Cass., 18 mars
1833; S. 1833, 1, 277.) Il s'agissait, dans cette
espèce, de la vente d'une jument. Autre arrêt
dans le même sens; (Cass., 19 mars 1833; S. 1833,
1, 278.)

La doctrine de ces arrêts a été, sous la loi du
20 mai 1838, admise par un jugement du tribunal
civil de la Seine qui a, très nettement, indiqué la
raison juridique qui lui sert d'appui. Ce jugement
a été rendu dans les termes suivants : « ATTENDU

« qu'il y a lieu d'examiner si la demande en ga-
« rantie formée par Carré est juste et admissible;
« attendu qu'aux termes de l'article 1648 du Code
« civil, l'action résultant des vices rédhibitoires
« doit être formée dans un bref délai; que la loi
« du 20 mai 1838, dans ses articles 3 et 5, a dis-
« posé que, pour le vice rédhibitoire la pousse,
« cette action serait intentée dans les neuf jours,
« non compris le jour fixé pour la livraison, et
« que, dans le même délai, l'acheteur serait tenu
« de provoquer, à peine d'être non recevable, la
« nomination d'experts chargés de dresser procès-
« verbal; qu'il est, aujourd'hui, constant en juris-
« prudence, que ce délai qui ne peut être aug-
« menté que par celui des distances prévu par
« l'article 4 de ladite loi du 20 mai 1838, est de
« rigueur et pour la demande à intenter et pour la
« requête à présenter afin de nomination d'ex-
« perts, de telle sorte que, quand bien même, la
« requête aurait été présentée dans le délai voulu,
« le demandeur ne serait pas admis à se faire re-
« lever de la déchéance qu'il aurait encourue, en
« formant la demande après l'expiration de ce
« même délai; que ce court délai de neuf jours
« édicté par l'article 1648 du Code civil, réglementé
« par ladite loi de 1838, contient un principe de
« protection aussi bien en faveur du vendeur que
« de l'acheteur; que la position de ce vendeur ne
« peut être modifiée par cette circonstance : que
« le cheval, objet de la vente, aurait été, succes-

« sivement revendu par le premier acquéreur,
« à d'autres et que, au lieu de répondre à une action
« directe, il serait sujet à un recours en garantie. »
(Tribunal civil de la Seine. 21 février 1860 ; *le Droit*,
n° du 31 mars 1860.)

Ce dernier système est seul conforme au principe sur lequel repose la loi sur les vices rédhibitoires des animaux domestiques et au but qu'elle s'est proposé.

Ce principe consiste dans la présomption de l'existence du vice rédhibitoire au jour du contrat, par cela seul qu'il s'est manifesté dans le délai de garantie ;

Et son but : qu'après l'expiration de ce délai, **le** vendeur soit affranchi de la garantie des vices rédhibitoires.

Or, avec les deux premiers systèmes, la demande formée par le second acheteur, produirait d'abord cette conséquence, d'étendre la présomption au delà du délai de garantie.

Elle produirait en outre, cette autre conséquence, d'étendre la garantie du premier vendeur au delà de ce délai.

Ces conséquences seraient d'autant plus inadmissibles qu'elles auraient pour cause, un fait totalement étranger au premier vendeur : la revente de l'animal par son acheteur.

De plus, au lieu du délai de garantie fixe et précis, tel que la loi l'a organisé ; il en existerait contrairement à ses termes formels, un autre plus étendu dans le cas de revente de l'animal.

Cette revente ne saurait donc modifier la situation du premier vendeur. Elle reste et doit rester la même : qu'il ait à répondre à une demande principale ou à une demande en garantie.

Notre opinion est conforme à la doctrine que nous trouvons résumée dans le Répertoire de Dalloz, v° Vices rédhibitoires, 288.

Il y est dit : « La loi ne distinguant pas entre « l'action principale et l'action récursoire, l'une « comme l'autre doivent être intentées dans le délai « de la garantie. En conséquence, il a été jugé « avant la loi de 1838 et il doit être jugé à fortiori « sous l'empire de cette loi : que l'action récursoire « exercée contre un précédent vendeur après le « délai. pendant lequel, celui-ci était tenu à garan- « tie, doit être déclarée tardive, bien que la consta- « tation du vice ait été faite dans ce délai et que le « vendeur immédiat ait été, également dans ce délai, « actionné en rédhibition. »

La loi du 2 août 1884 ne s'est pas plus expliquée que ne l'avait fait la loi de 1838 sur le délai, dans lequel l'action récursoire en garantie doit être formée.

Elle a, sur ce point, gardé le même silence.

Les mêmes principes sur le délai de garantie ayant été maintenus; il y a lieu d'appliquer, sous la loi du **2** août 1884, à l'action **récursoire en** garantie, les mêmes solutions sur le délai, pendant lequel, **cette** action peut **être valablement exercée.**

Ce délai, pour l'action récursoire **en garantie,** sera observé, quelle que soit la juridiction, **devant** laquelle le recours en garantie sera exercé.

116. **La** demande récursoire, quoique **formée** dans le délai pourrait être repoussée, **même alors** que la demande principale aurait été admise.

Il en est ainsi, lorsque le demandeur **en garantie** n'ayant plus l'animal en sa possession, **il est impos-** sible à son vendeur de prouver que **cet animal n'é-** tait atteint d'aucun vice rédhibitoire.

Voici les circonstances qui ont **donné lieu à cette** solution :

Perrot assigne Ernoult son vendeur en **résolution** de la vente d'une jument **à raison d'un vice rédhi-** bitoire.

1ᵉʳ mai 1855, jugement du tribunal **de commerce** de la Seine qui, après expertise, prononça la **résolu-** tion, condamna le sieur Ernoult à restituer le **prix** qu'il avait reçu et faute, par lui, de reprendre l'a- nimal dans les trois jours de la signification **du** jugement, autorisa le sieur Perrot à le faire **vendre** et à déduire la somme à provenir de la vente, **de** celle qui devrait lui être remboursée **par le sieur** Ernoult.

Celui-ci n'ayant point repris **la jument, elle fut**

vendue le 2 juin suivant, moyennant la somme de 348 fr.

Le sieur Ernoult avait assigné en garantie le sieur Pillet, son vendeur. devant le tribunal de commerce d'Yvetot.

Il intervint, le 20 juillet 1855, un jugement qui repoussa la demande par les motifs suivants :

« *Attendu* que Ernoult, qui était averti que « Pillet n'entendait pas prendre droit par la déci- « sion de ce tribunal, a eu bien tort de laisser « vendre la jument et de priver, ainsi, Pillet du « droit qu'il avait de faire ordonner une nouvelle « expertise. »

Pourvoi en cassation par le sieur Ernoult.

La cour de cassation se fondant entr'autres motifs, sur ce que Ernoult avait mis, par son fait, Pillet dans l'impossibilité de prouver que le cheval vendu par lui, n'était pas atteint d'un vice rédhibitoire, rejeta le pourvoi. (Cass., 18 mars 1856. S. 1856, 1. 606.)

117. Celui qui traite avec l'acheteur, n'est souvent qu'un intermédiaire chargé de vendre pour le compte du propriétaire de l'animal.

Il en est ainsi, notamment pour les ventes faites au Tattersall.

Lorsque cet intermédiaire est assigné en résolution du marché à raison d'un vice rédhibitoire, il a incontestablement le droit d'appeler en garantie celui, pour le compte duquel, il a vendu l'animal et qui a reçu ou doit recevoir le prix de vente.

L'intermédiaire n'exerce pas l'action rédhibitoire. Il se fonde sur l'article 1998 du Code civil qui oblige le mandant à exécuter les engagements contractés par son mandataire et appelle son mandant au procès, pour qu'il ait à prendre ses fait et cause et à le garantir des condamnations qui pourraient intervenir contre lui.

Il s'agit alors, d'une demande en garantie ordinaire, à laquelle les règles ordinaires de la procédure sont applicables, sans qu'il y ait lieu à observer le délai pour les actions récursoires en garantie fondées sur un vice rédhibitoire.

(Le Tattersall c. Humbert). « *Attendu* qu'il est « constant que le cheval dont il s'agit a été remis « au Tattersall par Humbert, pour la vente en être « effectuée pour son compte.

« Que pour se refuser à garantir les demandeurs « de l'instance principale, Humbert prétend qu'il « n'a pas été assigné dans les délais voulus par la « loi et qu'en conséquence, les demandeurs devront « être déclarés non recevables.

« Mais attendu que l'établissement du Tattersall « français est une société anonyme autorisée par « décret impérial, à l'effet de vendre des chevaux, « pour compte de tiers, par l'entremise d'un com-« missaire-priseur moyennant une commission.

« Que, dans ces conditions, il n'est que le man-

« dataire des vendeurs qui lui confient leurs che-
« vaux :

« Qu'à leur égard, il ne peut qu'être responsable
« de son mandat.

« Que la seule mission des demandeurs se bornait
« à mettre le défendeur à même d'intervenir dans
« l'instance principale, ce qu'ils ont fait; etc. » Trib.
com. de la Seine, 4 juin 1857, D. R., v° Vices rédhibitoires, 123.

118. Le délai pour intenter l'action récursoire
en garantie, sera augmenté, comme nous l'avons
expliqué n°ˢ de 105 à 109 pour l'action principale,
à raison de la distance existant entre le lieu du
domicile de l'appelé en garantie et le lieu du domicile du demandeur en garantie.

Les règles énoncées n° 80, pour l'augmentation
du délai à raison des jours fériés, devront aussi être
observées.

119. La demande en garantie est entièrement dis-
tincte de la demande principale.

Il s'agit d'une décision à rendre entre d'autres
parties.

Il en résulte que la demande en garantie peut
être repoussée, même alors que la demande principale a été admise. (Cass., 18 mars 1856; S. 1856,
1, 606.)

120. La demande en garantie ne peut être jugée
par le tribunal saisi de la demande principale,
lorsque l'action en garantie fait naître un débat
qui, à raison de la matière, ne ressort pas de la

compétence de ce tribunal : Paris, 20 juillet 1844 ; D. R, v° Exceptions, 385. — Cass., 20 avril 1859, D. P. 1859. 1, 170.

Par exemple, un tribunal de commerce ne pourrait connaître d'une demande en garantie formée contre un non commerçant pour cause non commerciale, incidemment à une demande principale portée entre commerçants devant ce tribunal : (Limoges, 21 juin 1845, D. P. 1846, 4, 84. — Cass., 8 novembre 1847, D. P. 1847, 4, 99).

L'action en réduction de prix n'ayant pas été éteinte par l'offre de reprendre l'animal, le premier acheteur aura la faculté, en se conformant aux règles que nous venons d'exposer, d'exercer l'action recursoire en réduction de prix contre son vendeur.

Cette faculté n'existera toutefois, que si la réduction de prix arbitrée par les experts a pour résultat de réduire le prix de la première vente.

ARTICLE 7

Quel que soit le délai pour intenter l'action, l'acheteur, à peine d'être non recevable, devra provoquer dans les délais de l'art. 5, la nomination d'experts chargés de dresser procès-verbal ; la requète sera présentée verbalement ou par écrit, au juge de paix du lieu où se trouve l'animal ; ce juge constatera dans son ordonnance la date de la requète et nommera immédiatement un ou trois experts qui devront opérer dans le plus bref délai.

Ces experts vérifieront l'état de l'animal, recueilleront tous les renseignements utiles, donneront leur avis, et à la fin de leur procès-verbal, affirmeront par serment la sincérité de leurs opérations.

COMMENTAIRE

121. Nous avons dit nº 79 que la preuve de l'existence du vice rédhibitoire au jour du contrat, résultait de sa manifestation dans le délai fixé par l'article 5.

L'article 7 affirme ce principe, en déclarant que quelle que soit l'étendue du délai, pour signifier la demande, la nomination des experts devra être provoquée dans ce délai.

122. La formalité par laquelle la nomination des

experts est provoquée, consiste dans une requête que l'acheteur présentera au juge de paix du lieu où l'animal se trouvera.

Par cette requête, il demandera la nomination d'un ou de trois experts pour constater l'existence du vice rédhibitoire, et en outre, pour faire arbitrer la réduction de prix, si l'acheteur entend exercer l'action quanti minoris.

Les termes dont la loi se sert démontrent que c'est seulement, au juge de paix du lieu où l'animal se trouve, qu'appartient le droit de nommer les experts.

L'acheteur, parce qu'il serait éloigné de ce lieu, ne pourrait présenter sa requête au juge de paix du lieu où il se trouve lui-même.

Il avait la faculté de charger un mandataire de remplir pour lui, en son absence, les formalités de mise en règle; s'il n'a pas usé de cette faculté et s'il en résulte pour lui, l'empêchement de sauvegarder ses intérêts; il ne peut s'en prendre qu'à lui-même du dommage qu'il éprouve.

123. Le délai de garantie étant franc et entier, ainsi que nous l'avons dit nᵒˢ 82 et 83, la requête sera valablement présentée le lendemain du dernier jour du délai de garantie.

Sous la loi de 1838 qui, dans ses articles 3 et 5, n'avait pas expressément déclaré que le délai de garantie était franc, il était néanmoins admis par la jurisprudence qu'il devait en être ainsi.

Les motifs sur lesquels on se fondait, se trouvent énoncés dans l'arrêt de la Cour de cassation dont voici les termes :

La Cour : « Vu les articles 3 et 5 de la loi du « 20 mai 1838 ; attendu qu'aux termes desdits « articles, le délai pour intenter l'action rédhibi- « toire est de trente ou de neuf jours, suivant la « nature du vice ; que l'acheteur est tenu de pro- « voquer, dans le même délai, la nomination « d'experts ; qu'il doit à cet effet, présenter requête « au juge de paix du lieu où se trouve l'animal ; « que ces délais doivent être entiers et francs ; « que l'acheteur a, suivant les cas, trente ou neuf « jours, pour s'assurer du vice qui est la base de « son action : qu'il peut donc provoquer l'exper- « tise et intenter cette action le lendemain de « l'expiration du neuvième ou trentième jour ; que « cette interprétation est, d'ailleurs, conforme au « principe général consacré par l'article 1033 du « Code de procédure civile ; » Cass., 6 mars 1867 ; « S. 1867, 1, 152.

Avec les dispositions de l'article 5 de la loi du 2 août 1884 déclarant expressément : que le délai de garantie est franc ; aucun doute ne saurait plus exister et il est désormais à l'abri de toute con- troverse, que la requête est valablement présentée le lendemain **du jour de l'expiration du délai de garantie.**

124. Le lendemain du dernier jour du délai de garantie étant un jour férié, la requête sera valablement présentée le lendemain du jour férié ou des jours fériés successifs qui se seraient suivis.

La disposition finale de l'article 1033 du Code de procédure civile : « Si le dernier jour du délai « est un jour férié, le délai sera prorogé au len- « demain. » doit recevoir son application.

Il a été en effet jugé que cette disposition était applicable, non seulement aux délais dans lesquels les significations doivent avoir lieu ; mais aussi à tous les délais, à l'observations desquels est subor- donnée la validité des actes judiciaires. (Trib. de Mirecourt, 12 avril 1867, D. P. 1867, 3, 80. — Trib. du Hâvre, 16 mai 1872, D. P. 1872, 3, 80. — Besançon, 30 janvier 1873, D. P. 1874, **5,** 470.)

Il s'agissait dans les espèces de ces décisions ; de la déclaration au greffe d'une surenchère. Il y a lieu néanmoins d'appliquer la même règle à la requête qui, aussi bien que la déclaration de su renchère, constitue un acte judiciaire.

125. La requête sera présentée verbalement **ou** par écrit. Dans le premier cas, le juge de paix fera précéder son ordonnance d'un exposé cons- tatant qu'aux jour et heure qu'il indiquera, l'ache- teur ou son mandataire s'est présenté devant lui et lui a demandé de nommer des experts. (Form. **n° 1.)**

Cet exposé sera signé par l'acheteur. S'il **ne** sait ou ne peut signer, le juge de paix le constatera au bas de son exposé qui sera suivi de son ordonnance. (Form. n° 1.)

Dans le second cas, la requête sera transcrite sur papier timbré, datée et signée par l'acheteur ou son mandataire. (Form. n°ˢ 2 et 6.)

Le mandataire justifiera de sa procuration qu'il remettra au juge de paix.

126. L'usage consistant. lorsque l'acheteur ne sait ou ne peut signer, à substituer à sa signature au bas de la requête, celle d'un parent ou d'une autre personne ou le tracé d'une croix certifiée par deux témoins, doit être rigoureusement proscrit. Il constitue une irrégularité qui rendrait l'action non recevable.

127. L'acheteur présentant sa requête le dernier jour du délai qui est, nous l'avons dit, le lendemain du jour de l'expiration du délai de garantie; le juge de paix et ses suppléants peuvent être empêchés de rendre l'ordonnance.

L'acheteur doit alors faire immédiatement, constater cet empêchement par un procès-verbal dressé par un huissier (form. n° 9), ou, à défaut d'huissier, par le maire, l'adjoint ou le conseiller municipal le remplaçant.

Ce procès-verbal aura pour but de constater les jour et heure, auxquels la requête aura été présentée au juge de paix et le motif qui l'aura empêché de rendre ce jour son ordonnance.

Le lendemain, l'acheteur se présentera de nouveau devant le juge de paix pour **accomplir la** formalité.

128. L'animal ayant été conduit à **l'étranger** pendant le délai de garantie, les formalités **que** nous venons de tracer ou celles les suppléant **selon** la loi du pays, devront être accomplies devant **le** magistrat dont les fonctions représentent, **dans** le pays, celles attribuées en France, **aux juges de** paix.

129. Le juge de paix nommera selon le **plus** ou moins de valeur de l'animal, ou de **difficultés** **des** constatations, un ou trois experts. (**Form.** **nº 3.**)

130. Il **n'est pas** dit dans l'article **7, que les** **experts** devront être munis d'un diplôme de **vété-** **rinaire** délivré par l'une de nos écoles.

Un amendement présenté dans ce sens, **par** **M.** Bernard député du Nord, fut repoussé.

Le juge de paix a ainsi la faculté de nommer pour expert, toute personne qui, quoique non pourvue du diplôme de vétérinaire, lui paraîtra, néanmoins, posséder les connaissances spéciales nécessaires.

131. Les experts pourront être récusés à raison des motifs, pour lesquels les témoins peuvent être reprochés ; (art. 310 du Code de procédure civile.)

Ces motifs sont énumérés dans l'article 283 **du** même Code.

Il n'y aura pas lieu, toutefois, d'observer les for-

malités prescrites par le Code de procédure civile, pour la récusation des experts.

On exposera au juge de paix le motif **de récu-**sation invoqué: si ce motif est compris dans l'article 283 du Code de procédure civile, il **devra être** admis par le juge de paix qui nommera un **autre** expert.

132. Cette nomination aura lieu par une seconde ordonnance qui sera valablement rendue après l'expiration du délai de garantie.

La nomination des experts a été provoquée dans le délai de garantie, il a été satisfait au vœu de la loi et la nécessité de nommer un autre expert, ne saurait priver l'acheteur d'un droit dont l'exercice lui est acquis par l'accomplissement des for-malités prescrites par la loi.

133. L'article 7 exige que l'ordonnance **vise la** date de la requête.

Cette disposition était indispensable à raison **de** l'intérêt qui s'attache à la date de l'accomplissement de cette formalité.

Il n'est pas dit que la requête **devra être datée.**

Cette date doit néanmoins être mise **au bas de** la requête, avant la signature.

L'obligation, pour le juge de **paix, de viser** cette date dans son ordonnance, ne saurait s'expliquer sans la nécessité, pour l'acheteur, de dater sa requête.

134. Pour que cette date soit authentiquement constatée, comme aussi, pour qu'il ne soit ap-

porté aucun retard aux constatations des experts;
il est enjoint aux juges de paix de rendre l'ordonnance aussitôt que la requête leur est présentée.

135. Les experts n'acceptant pas la mission qui
leur est confiée ou étant empêchés de la remplir,
doivent le faire savoir, de suite, à l'acheteur qui
présente une seconde requête au juge de paix
pour obtenir une seconde ordonnance nommant
d'autres experts.

La requête pourra être présentée et l'ordonnance rendue après l'expiration du délai de garantie.

L'acheteur qui s'était mis en règle, ne saurait
voir ses droits atteints par une circonstance qu'il
n'a pas dépendu de lui d'éviter.

Au cas de décès d'un expert, son remplace-
ment s'opérera de la même manière.

136. Le juge de paix n'ayant nommé qu'un expert, l'acheteur aura-t-il la faculté de présenter
une seconde requête demandant la nomination de
deux autres experts?

Cette requête, quoique présentée dans le délai
de garantie, ne doit pas être accueillie par le juge
de paix qui, par sa précédente ordonnance, a
épuisé les pouvoirs qui lui étaient conférés par la
loi.

Le juge de paix peut, à son choix et selon la
nature et l'importance des constatations à faire,
nommer un ou trois experts.

5.

Après son ordonnance rendue, il est dessaisi de l'accomplissement de cette formalité, aussi bien que les tribunaux sont dessaisis après leur jugement rendu, des contestations qui leur sont soumises.

137. L'animal venant à mourir après l'ordonnance qui a nommé les experts et cette ordonnance ne les autorisant pas à procéder à l'autopsie; ces experts peuvent-ils, néanmoins, y procéder?

Ils doivent se renfermer dans les termes de leur mission et il l'excéderaient en procédant à l'a utopsie.

On voit ainsi l'utilité de faire toujours comprendre dans l'ordonnance, ce chef de mission.

138. — Les experts nommés n'ayant pas été autorisés par l'ordonnance à procéder à l'autopsie, l'acheteur pourra-t-il présenter au juge de paix, même dans le délai de garantie, une seconde requête à l'effet d'obtenir une seconde ordonnance nommant des experts pour procéder à l'autopsie?

Le juge de paix, par sa première ordonnance, a accompli l'acte qui seul était dans ses attributions, il n'aurait aucune qualité pour rendre une seconde ordonnance nommant des experts pour procéder à l'autopsie.

Dans ce cas, les experts seront nommés par le tribunal saisi du fond de la contestation.

La contestation étant du droit civil, les experts

pourront, pour éviter tout retard, **être nommés** par une ordonnance de référé.

Cette faculté n'existera pas pour **les contesta** tions du ressort des tribunaux de commerce.

Les experts seront, dans ce cas, toujours **nom**més par un jugement.

139. Les experts doivent opérer dans le plus bref délai.

Il s'agit en effet, de **constater** que le **vice s'est** manifesté pendant le délai de **garantie.**

Les experts ayant été **nommés** assez tôt pour qu'ils **puissent** constater l'**existence** du vice pendant le délai de garantie, **tous leurs** efforts devront tendre à ne pas **laisser expirer** ce délai, sans que, s'il existe, le **vice soit constaté.**

Si au contraire, les **experts n'ont** été nommés qu'à la fin du délai, ils feront en sorte que la constatation ait lieu au jour le plus rapproché possible du dernier jour du délai de garantie.

Aucun délai n'est, au surplus, prescrit aux experts pour l'achèvement de leur mission ; elle nécessite en effet souvent, plusieurs visites de l'animal et sa surveillance pendant un temps plus ou moins prolongé, selon la nature du vice dont il est suspecté.

Peu importe donc, l'époque à laquelle les experts auront achevé leur mission ; il leur est seulement enjoint d'opérer dans le plus bref délai

Leurs constatations pourraient même n'être

commencées qu'après l'expiration **du délai de garantie.**

140. L'article 5 de la loi du **20 mai 1838 se bornait** à définir la mission des experts, en **déclarant** qu'ils étaient chargés de dresser procès-**verbal.**

L'article 7 de la loi du 2 août **1884** y ajoute qu'ils vérifieront l'état de l'animal **et recueilleront** tous renseignements utiles.

Leur mission se trouve, ainsi, plus étendue.

Ils doivent rechercher toutes les personnes pouvant les éclairer, provoquer leurs explications, recourir à tous autres moyens d'investigation et consigner, dans leur procès-verbal, les diverses sources de renseignements auxquelles ils auront puisé et les résultats qu'ils en auront obtenus.

141. Les experts rédigeront leur procès-verbal sur une feuille de papier timbré.

Il sera écrit par un des experts et signé par les trois experts.

S'ils ne savent pas tous écrire, le procès-verbal sera écrit et signé par le greffier de la justice de paix du lieu où ils auront procédé; (art. 317 du Code de procédure civile.)

142. Les experts procédant à trois (form. n° 12) peuvent ne pas partager le même avis; dans ce cas, ils ne formuleront cependant qu'un seul avis à la pluralité des voix, en indiquant les motifs des divers avis, sans faire connaître quel a été

l'avis personnel de chacun d'eux; (art. 318 du Code de procédure civile.)

143. Un seul expert ayant été nommé, il dressera son procès-verbal; (form. 11 et 13.) S'il ne sait pas écrire, le procès-verbal sera écrit et signé par le greffier de la justice de paix du lieu où l'expert aura procédé; (art. 317 du Code de procédure civile.)

144. Pour éviter les frais et les retards qu'entraînait sous la loi de 1838, l'obligation pour les experts de prêter serment avant de commencer leur mission; l'article 7 les dispense d'accomplir cette formalité préalablement à leurs opérations.

Elle est remplacée par leur affirmation par serment, avant de clore leur procès-verbal, de la sincérité de leurs opérations.

Cette dispense constitue une dérogation à la règle de la procédure qui prescrit aux experts de ne commencer leurs opérations qu'après avoir, au préalable, prêté serment de bien et fidèlement remplir la mission qui leur est confiée; (art. 307 du Code de procédure civile.)

145. Il n'est pas dit que cette affirmation par serment aura lieu devant le juge de paix.

Nous pensons, néanmoins, que cette formalité devra être ainsi accomplie.

Il est en effet impossible d'admettre un serment se prêtant devant soi-même.

La garantie offerte par le serment, aux justiciables, résulte de ce que cette formalité est accomplie devant un magistrat.

L'article 7 qui a maintenu l'obligation pour les experts du serment, n'a pu vouloir priver l'accomplissement de cette obligation qu'il maintenait, de la seule condition lui permettant de remplir le but, en vue duquel elle a été établie.

Les experts avant de clore leur procès-verbal, se présenteront devant le juge de paix qui les aura nommés; et ils affirmeront par serment devant ce magistrat, la sincérité de leurs opérations.

Après cette formalité accomplie, les experts cloront leur procès-verbal et le signeront.

Le procès-verbal que le juge de paix aura dressé de la formalité de l'affirmation par serment (form. n° 14), sera transcrit à la suite du procès-verbal des experts qui, après ces formalités remplies et son enregistrement, sera déposé au greffe de la justice de paix.

Nous trouvons d'ailleurs cette même formalité de l'affirmation par serment, ainsi accomplie devant le juge de paix par certains agents de l'autorité; (les employés des contributions indirectes, de l'octroi, les agents des douanes, les gardes champêtres, les gardes-pêches et les gardes forestiers), et le silence de l'article 7 sur la procédure à suivre, s'explique par la raison qu'il s'en référait à ce qui, déjà, avait lieu pour ces agents.

146. Les experts, aussitôt après la clôture de leur procès-verbal, auront le soin d'en informer les parties intéressées par lettre recommandée avec avis de réception.

Cet avis qui sera remis aux experts par l'administration des postes, après la lettre délivrée au destinataire, leur permettra de justifier qu'ils ont averti les parties de la clôture de leur procès-verbal.

Ils conserveront copie de leur lettre d'avertissement, y joindront le récépissé de la poste et l'avis de réception ; ils pourront ainsi, au moyen du rapprochement des mêmes numéros figurant sur ces deux dernières pièces, établir l'identité de la lettre recommandée et de la lettre reçue.

Nous indiquons ces mesures à prendre par les experts, parce que le jour de la clôture du procès-verbal est le point de départ d'un délai, dans lequel, comme nous l'expliquerons (n°s 192, 195, 196, 198 et 199,) la demande en résolution du marché peut être formée.

147. Les experts feront aussitôt après sa clôture, enregistrer leur procès-verbal et, cette formalité remplie, en effectueront immédiatement le dépôt au greffe de la justice de paix où siège le juge de paix qui les aura nommés ; (art. 319 du Code de procédure civile.)

Ce dépôt sera constaté par un acte dressé par le greffier de la justice de paix et signé après lecture, par le greffier et les experts ; (form. n° 15.)

Les experts établiront au bas de leur procès-verbal, l'état de leurs débours et honoraires.

Cet état comprendra ce qu'ils auront payé pour l'enregistrement de leur procès-verbal et son dépôt au greffe de la justice de paix.

Le juge de paix taxera cet état.

148. L'acheteur qui a provoqué la nomination des experts, demandera l'expédition de leur procès-verbal.

S'il ne fait aucune diligence pour avoir cette expédition et suivre la demande qu'il a intentée, il sera loisible au vendeur de se faire délivrer l'expédition du procès-verbal et de remplir les formalités de procédure, pour qu'il soit statué sur la contestation.

149. L'expertise ayant été ultérieurement annulée, la décision qui prononcera cette nullité pourra-t-elle, bien que le délai de garantie soit expiré, ordonner une nouvelle expertise?

La jurisprudence consacrée par plusieurs décisions, a été unanime à reconnaître que rien ne s'opposait à ce que, dans ces circonstances, une nouvelle expertise fût ordonnée.

L'acheteur qui s'est mis en règle, en remplissant dans le délai de la loi, toutes les formalités qu'elle prescrit; ne saurait être déchu de son action à raison d'une nullité qui ne lui est pas imputable; (Rouen, 24 août 1842. S. 1843, 2, 51. — Cass., 20 juillet 1843. S. 1843, 1, 802. — Trib. de comm. de la Seine, 9 janvier 1856; *Le Droit*, n° du

11 janvier 1856. — Cass., 28 février 1860, S. 1860, 1, 208.)

SOLUTIONS PRATIQUES INTÉRESSANT LES VÉTÉRINAIRES.

150. L'examen d'un animal présente souvent du danger pour l'expert.

Il est exposé, si l'animal est d'une approche difficile, à éprouver de graves accidents.

Ces accidents venant à se produire, sans qu'aucune négligence ou imprudence puisse être reprochée à l'expert, est-il fondé à réclamer la réparation du préjudice qu'il aura éprouvé?

Le droit de l'expert à être indemnisé n'a pas été contesté.

Mais, par qui le sera-t-il?

Au moment de l'accident éprouvé par l'expert, c'était, entre les parties litigantes, à qui ne serait pas le propriétaire de l'animal.

Cette prétention respective des parties a fait naître la question suivante : Par qui l'expert sera-t-il indemnisé?

Deux solutions se sont produites :

La première, invoquant l'article 1385 du Code civil qui déclare le propriétaire de l'animal responsable du préjudice qu'il a causé, a soutenu que l'obligation d'indemniser l'expert incombait à celle des parties qui, étant, d'après le résultat du procès, tenue de garder l'animal, en était, en droit, propriétaire au jour de l'accident.

Avec la seconde solution, toutes les parties intéressées à la contestation, sont solidairement tenues d'indemniser l'expert.

Elle se fonde sur ce que, pendant l'instance, le droit de propriété étant en suspens, l'animal serait, en droit, sous la garde de toutes les parties et qu'en outre, l'expertise a lieu dans leur intérêt commun.

Cette seconde solution nous paraît devoir être adoptée.

Elle s'appuie sur des motifs de droit et d'équité qui doivent la faire admettre.

Un jugement rendu par le tribunal civil de Belfort le 8 avril 1855, avait admis la première de ces deux solutions.

Il avait, en conséquence, déclaré responsable du préjudice causé, le vendeur qui avait repris l'animal.

Sur appel, ce jugement a été infirmé par l'arrêt dont voici les termes :

La Cour : « Considérant qu'aux termes des « articles 1384 et 1385 du Code civil, on est res- « ponsable des animaux et des choses dont on est « propriétaire ou que l'on a sous sa garde ; consi- « dérant que le cheval qui a causé l'accident dont « Froidevaux a été la victime, n'était, au 11 juillet « 1854, la propriété réelle et certaine de per- « sonne ; qu'il faisait l'objet du litige lié entre « Fleith, Bloch et Lévy, lequel litige avait, préci- « sément, pour but de déterminer à qui, en fin

« de cause, le cheval devait appartenir ; que c'est
« donc à tort que le tribunal a fait peser la qua-
« lité de propriétaire sur Fleith, par cette consi-
« dération qu'il avait repris le cheval et qu'on
« devait le considérer comme n'ayant jamais cessé
« d'en être propriétaire : qu'ainsi, il est vrai de
« dire qu'on ne peut trouver le principe de la
« responsabilité dans le titre de propriétaire de
« l'animal, ni pour Fleith, ni pour Bloch, ni
« pour Lévy ; mais considérant que la loi fait
« aussi peser la responsabilité sur celui ou ceux
« qui se servent ou qui ont la garde de l'ani-
« mal ; qu'à ce point de vue, la responsabilité
« de l'accident arrivé le 11 juillet 1854 pèse, dans
« des proportions égales, sur les trois parties
« litigantes à cette époque ; qu'en effet, l'opéra-
« tion, dans laquelle le vétérinaire Froidevaux a
« été blessé se faisait dans leur intérêt commun ;
« qu'elles y assistaient toutes et que Fleith, Bloch
« et Lévy avaient également, tous trois, la garde
« d'un animal qu'ils faisaient expertiser pour la
« solution de leur procès ; qu'il faut donc recon-
« naître que, sous ce rapport, ils sont tous les
« trois, et dans des proportions égales, respon-
« sables des dommages-intérêts dus à Froide-
« vaux ; considérant que la condamnation que
« Froidevaux obtient contre Fleith, Bloch et Lévy
« lui est accordée à raison d'un quasi délit ; que,
« sous ce rapport, il est fondé à demander contre
« eux, une condamnation solidaire ; que les dépens

« du procès n'étant que la conséquence de l'ac-
« cident dont Fleith, Bloch et Lévy sont reconnus
« également responsables, ils doivent les suppor-
« dans les mêmes proportions. Condamne Fleith,
« Bloch et Lévy solidairement à payer à l'appe-
« lant 2.000 francs à titre de dommages-intérêts,
« ordonne que cette somme se répartira par tiers
« entre lesdits Fleith, Bloch et Lévy. Les con-
« damn , dans la même proportion, aux frais. »
(Colmar, 1er août 1855 ; *le Droit*, n° du 16 novembre 1855.)

Nous adoptons la solution qui a prévalu devant
la Cour de Colmar, en faisant observer, toutefois,
que le motif pris de ce que l'animal aurait été,
lors des constatations de l'expert, sous la garde
des trois parties litigantes, n'est pas exact.

L'animal ayant été livré, se trouvait alors sous
la garde exclusive de l'acheteur.

Ce motif ne pouvait donc justifier la responsa-
sabilité solidaire de tous les intéressés à l'égard de
l'expert.

Il aurait dû être écarté de l'arrêt dont le second
motif, à savoir que les constatations étaient faites
dans l'intérêt de toutes les parties, suffisait pour
justifier sa décision.

Pendant le procès, c'était à qui ne serait pas le
propriétaire de l'animal ; le procès jugé, l'incer-
titude qui existait lors de l'accident, sur celle des
parties qui, à ce moment, était propriétaire de
l'animal, a disparu.

L'article 1385 du Code civil qui déclare le propriétaire de l'animal responsable du dommage qu'il cause, peut alors recevoir, entre les parties, son entière application.

Celui qui aura perdu son procès, était, au moment de l'accident, propriétaire de l'animal.

Ce sera le vendeur, la vente ayant été résolue ; ou ce sera l'acheteur, si au contraire, elle a été maintenue.

Propriétaire de l'animal, il devra supporter la totalité de l'indemnité et rembourser, par suite, aux autres parties litigantes, les sommes qu'elles auraient pu avoir payé à l'expert, pour cette indemnité.

151. Le vétérinaire exerçant une profession libérale n'est pas commerçant.

Il en résulte qu'il ne peut être déclaré en faillite, ni assigné devant les tribunaux de commerce, pour les engagements qu'il contracte, à raison de l'exercice de son art.

Les contestations pouvant s'élever au sujet de la cession d'une clientèle de vétérinaire sont, par suite, de la compétence des tribunaux civils ; (Nancy, 19 juillet 1876, S. 1876, 2,289.)

152. Le vétérinaire devient commerçant, lorsqu'il a une forge et fait de la maréchalerie

Il le devient également, lorsqu'au lieu de se borner à vendre des drogues à ses clients pour les besoins des animaux qu'il traite, il tient boutique ouverte et en vend à tout venant.

Il est alors dans ces deux cas, justifiable des tribunaux de commerce pour les contestations relatives aux achats qu'il fait concernant sa profession.

Il peut, en outre, être déclaré en faillite.

153. L'exercice de la médecine des animaux est libre.

Elle peut être pratiquée par tous, sans aucune condition d'études ni de diplôme : (Colmar, 11 juillet 1832, S. 1833, 2, 154. — Orléans, 18 juillet 1860, S. 1860, 2, 437. — Cass., 17 juillet 1867, S. 1867, 1, 436.)

Cette faculté pour tous, de soigner les animaux entraîne des conséquences très regrettables qui rendent indispensable une réforme depuis trop longtemps impatiemment attendue.

Les animaux ne reçoivent pas les soins que les vétérinaires diplômés peuvent, seuls, utilement leur administrer.

D'autre part, les vétérinaires qui ont consacré de longues et pénibles études pour apprendre leur art et obtenir leur diplôme, se voient dépossédés d'une partie de la clientèle par quiconque, quoique sans études préalables, veut soigner les animaux.

154. Les autorités civiles et militaires ne peuvent toutefois, recourir qu'aux vétérinaires pour soigner les animaux malades.

L'article 14 du décret du 15 janvier 1813 consacre cette interdiction par les dispositions sui-

vantes : « Les médecins et maréchaux-vétérinaires
« sont exclusivement employés par les autorités
« civiles et militaires, pour le traitement des ani-
« maux malades. »

Ces dispositions ne présentent plus aujourd'hui
d'intérêt que pour les vétérinaires ; le titre de
maréchal - vétérinaire ayant depuis l'ordonnance
du 1er septembre 1825 qui l'a supprimé, cessé
d'être légalement reconnu et n'étant plus délivré
par nos écoles.

Une autre interdiction a été établie en faveur
des vétérinaires, par l'article 12 de la loi du
21 juillet 1884 sur la police sanitaire des animaux, pour les soins à donner aux animaux
atteints de maladies contagieuses.

Cet article est ainsi conçu : « L'exercice de la
médecine vétérinaire dans les maladies contagieuses des animaux est interdit à quiconque n'est
pas pourvu du diplôme de vétérinaire. »

155. La faculté pour tous, de soigner les animaux n'autorise pas cependant, ceux qui n'en sont
pas légalement pourvus, à prendre le titre de vétérinaire.

En se qualifiant de vétérinaire, ils commettent
une usurpation de titre au préjudice de ceux qui
en ont obtenu le diplôme et, auxquels seuls, ce
titre appartient.

156. Les vétérinaires diplômés de la région où
cette usurpation de titre a eu lieu, en éprouvent
un préjudice et ils sont fondés à intenter contre

l'usurpateur du titre, une demande pour faire cesser cette usurpation et pour obtenir, en outre, la répa ration du préjudice qui leur a été causé.

(Friedel et Mauclerc C. Fœnix).

La Cour : « Considérant que le décret du 15 jan- « vier 1813 sur l'enseignement de l'art vétérinaire, « impose certaines conditions aux individus qui « veulent être reçus médecins-vétérinaires : qu'ils « doivent suivre des cours. passer des examens « et obtenir des brevets; que si ces dispositions ne « constituent pas un privilège exclusif, en faveur « de ceux qui s'occupent de l'art de guérir les « animaux, il faut en induire, du moins, qu'elles « ne permettent pas à ceux qui ne se sont pas « soumis aux épreuves sus-énoncées, de prendre « le titre de médecin-vétérinaire ; considérant que « le décret de 1813 ne contient, il est vrai, aucune « sanction pénale ; mais que la contravention à « ses prescriptions peut constituer un fait de na- « ture à porter préjudice à autrui, et qui, aux « termes de l'article 1382 du Code civil, oblige « celui, par la faute duquel le dommage est ar- « rivé, à le réparer. Considérant qu'il est établi, « par tous les documents du procès, que depuis « plusieurs années, Fœnix a pris publiquement « le titre de médecin-vétérinaire dans l'arrondis- « sement de Coulommiers ; qu'en cette qualité, « il a même été nommé, par le juge de paix du « canton de Rebaix, pour procéder à des exper- « tises : qu'il n'est pourvu d'aucun brevet et

« qu'il se trouve en contravention au décret
« précité. Considérant que Friedel et Mauclerc,
« tous deux artistes vétérinaires brevetés et établis
« à Coulommiers, ont droit et intérêt à poursuivre
« la réparation du préjudice que leur a causé
« Fœnix, par l'usurpation d'un titre qui ne lui
« appartient pas ; infirme : fait défense à Fœnix,
« etc. » Paris, 13 avril 1844, D. R. v° vétérinaire, 10.

157. L'usurpation de titre existe, alors même
qu'on ne se prétendrait pas porteur de diplôme.
(Peyron et autres C. Marmès).

La Cour : « En ce qui concerne la première
« branche du moyen, laquelle a trait au défaut de
« diplôme de vétérinaire ; vu l'article 19 de l'or-
« nance du 1er septembre 1825 et l'article 1382
« du code civil ; attendu que l'ordonnance du
« 1er septembre 1825 modifiant le décret du 15
« janvier 1813 qui fixait à trois ans, le cours d'é-
« tudes pour les élèves des écoles spéciales as-
« pirant au brevet de maréchal-vétérinaire et à
« cinq ans, le cours pour l'obtention du brevet
« de médecin-vétérinaire, règle, uniformément,
« à quatre ans l'ensemble des études et ne recon-
« naît plus qu'un seul titre, celui de vétérinaire
« pour les élèves dont la capacité sera constatée
« par un jury, à la sortie de l'école : que l'article 19
« de cette ordonnance veut qu'il leur soit délivré
« un diplôme de vétérinaire ; que cette qualifica-
« tion de vétérinaire leur appartient, exclusive-

« ment, comme une garantie par laquelle l'auto-
« rité publique les recommande à la confiance
« des citoyens; qualification unique dans laquelle
« s'est opérée la fusion des deux titres de maré-
« chal-vétérinaire et de médecin-vétérinaire qu'a-
« vait établis le décret de 1813; d'où la consé-
« quence que l'individu qui s'attribue le titre de
« vétérinaire, *quand même il ne se dirait pas por-*
« *teur du diplôme,* peut, par cette usurpation de
« qualité, causer aux véritables titulaires un
« dommage et encourir l'application de l'ar-
« ticle 1382 du code civil, qu'ainsi, en droit, l'ac-
« tion des demandeurs en cassation était rece-
« vable, sauf à apprécier, en fait, la réalité et
« l'étendue du dommage; mais que l'arrêt atta-
« qué a déclaré simplement l'action non rece-
« vable; en quoi il a violé les articles 19 et 1382
« ci-dessus »; (Cass. : 1ᵉʳ juillet 1851, S. 1851,
1, 584.)

158. L'article 15 du décret du 15 janvier 1813
déclare qu'il pourra y avoir, dans chaque chef-lieu
de préfecture, si le préfet juge que cela soit utile,
un médecin vétérinaire qui sera obligé d'y résider
et qui recevra une indemnité annuelle de 1,200 **fr.**
prise sur les fonds du département.

Ce médecin-vétérinaire sera tenu **de former un**
atelier de maréchalerie, de faire des élèves à **des**
conditions fixées à l'amiable entre eux et lui. A **la**
fin de la seconde année d'apprentissage, il déli-
vrera à ses élèves un certificat de maréchal expert.

L'article 16 attribue aux villes chefs-lieux d'arrondissement, la faculté, avec l'autorisation du préfet, d'accorder à un maréchal **vétérinaire** une indemnité annuelle de 800 fr.

Ce maréchal vétérinaire **sera assujetti aux me** mes conditions et jouira des mêmes avantages accordés au médecin vétérinaire, par l'article précédent.

La même **faculté** existe, selon l'article 17, pour les villes qui ne sont ni chefs-lieux de département, ni chefs-lieux d'arrondissement.

L'ordonnance de 1825 a supprimé le diplôme **de** maréchal vétérinaire ; il n'existe plus qu'un seul diplôme, celui de **vétérinaire.**

Il en résulte que les dispositions des articles 15, 16 et 17 du décret du 15 janvier 1813 se trouvent restreintes, dans leur application, aux vétérinaires.

Ils auraient, en conséquence, seuls, le droit de délivrer des certificats de maréchal expert, si l'administration revenait à vouloir exécuter les trois articles précités qui, depuis quarante ans, n'ont reçu aucune application.

Ce certificat ne constaterait d'ailleurs, que des études faites pour l'art du maréchal, consistant uniquement dans les principes raisonnés de la ferrure.

159. Le titre de maréchal expert qui, en fait, a ainsi disparu, est néanmoins pris par des maréchaux-ferrants qui y trouvent le moyen de faire

croire au public qu'ils sont experts **en l'art de** soigner et guérir les animaux et qu'ils **sont vété**rinaires.

Ils commettent **une** usurpation de **titre dom**mageable **aux** vétérinaires de la région où elle **a** lieu.

Ces vétérinaires sont fondés à la faire cesser **et** à demander la réparation du préjudice qu'ils **en** ont éprouvé.

(Antoine Bergeyre, Prosper et Eugène **Bergeyre** c. Miramont). « ATTENDU, en fait, que le sieur Mi-
« ramont reconnaît et, qu'au besoin, il est établi
« par trois certificats émanés et signés de **lui**,
« pièces visées pour timbre et enregistrées, qu'il
« s'est qualifié de maréchal expert, au sujet de
« visites, d'examen et d'appréciation sanitaire
« d'animaux qui font l'objet desdits certificats,
« dans lesquels il précise la nature de la maladie
« dont ils étaient atteints et dont ils sont morts,
« indépendamment de la valeur appréciée desdits
« animaux, au moment de la mort ; que le sieur
« Miramont a également reconnu qu'il se livre **à**
« l'exercice de l'art de guérir les animaux ; attendu,
« en droit, que si, dans l'état actuel de la législa-
« tion, il est vrai de dire, avec la jurisprudence,
« que l'exercice de l'art de guérir les animaux
« n'est l'objet d'aucune interdiction, ce droit n'im-
« plique nullement celui de s'appliquer un titre
« qui s'acquiert ; attendu que le décret du 15 jan-
« vier 1813 **a** réglementé la qualité à prendre **de**

« maréchal expert, en déterminant les conditions
« à remplir pour s   prévaloir ; que cette qualité
« est conférée par un titre qui consiste dans un
« certificat délivré, revêtu de légalisation ; que,
« dans l'espèce, c'est cette qualité que le sieur
« Miramont s'est appliquée, reconnaissant qu'elle
« ne lui est nullement acquise, aux termes de
« ladite loi qu'il n'a pas vêtue ; attendu que, dans
« son intérêt, on argumente, sans succès, en di-
« sant que puisque le fait de l'exercice, en soi, de
« l'art de guérir les animaux étant à l'abri de
« toute atteinte de la loi, le titre de maréchal
« expert, en supposant qu'il renferme l'attribu-
« tion de l'art de guérir, ne serait que la formule
« expressive de cet art reconnu libre et que, dès
« lors il faut reconnaître cette formule ou ce titre,
« aussi bien que cet art lui-même ; qu'en effet,
« il existe une grande différence, puisque le fait
« isolé de l'exercice de cet art, abstraction faite
« de la prise d'aucun titre, en donnant lieu à
« une concurrence de la part de celui qui l'exerce
« vis-à-vis des artistes titulaires, porte un pré-
« judice de concurrence qui ne se trouve pas
« interdit, mais dont, par suite, les sieurs Ber-
« geyre ne se plaignent pas, ce préjudice étant
« tout autre que celui qu'ils éprouvent et dont
« ils se plaignent ; que cet art est exercé par le
sieur Miramont, sous le bénéfice et la recom-
mandation d'un titre qu'il se trouve exercer
sans droit, titre qui a pour effet de garantir la

« capacité et, par suite, de provoquer la confiance
« d'un plus grand nombre de clients ; que c'est
« sans plus de succès, qu'on oppose, encore, que
« l'art que signale le titre de maréchal expert n'a
« pour objet que l'œuvre matérielle de la maré-
« chalerie, et ne participe en rien, à l'art de gué-
« rir les animaux, puisque s'il fallait nécessaire-
« ment déterminer la portée et les attributions
« d'un titre semblable, elles se trouveraient l'être
« par le titre de médecin ou de maréchal-vétéri-
« naire que ledit décret exige de celui qu'il pro-
« pose pour former le maréchal expert et qui fait
« supposer que l'art de vétérinaire n'est pas abso-
« lument étranger à l'art de maréchal expert ;
« attendu enfin, que les sieurs Bergeyre n'ont pas
« eu besoin de se qualifier eux-mêmes, du titre
« de maréchal expert (que de fait ils sont recon-
« nus exercer), pour se plaindre de l'usurpation
« de pareil titre, puisque le titre d'artiste vété-
« rinaire, le seul qu'ils ont pris, renferme, si bien
« implicitement, celui de maréchal expert, qu'il
« leur donne le pouvoir de conférer ce dernier
« titre à un autre, aux termes du décret précité ;
« attendu que le tribunal croit faire une juste ap-
« préciation du dommage causé, à la vue des
« pièces produites et des explications données par
« les parties, en fixant la réparation à 50 francs,
« par application de l'article 1382 du Code civil...
« Par ces motifs, le tribunal déclare usurpé le
« titre de maréchal expert pris par le sieur Mi-

« ramont ; fait défense au dit Miramont de ne
« plus prendre ce titre à l'avenir, déclare cette
« usurpation avoir été préjudiciable aux sieurs Ber-
« geyre et, en réparation, le condamne à payer
« à ces derniers, la somme de 50 francs; le con-
« damne en outre, aux dépens. » (Trib. civil de
Bayonne, 6 août 1851. *Presse vétérinaire*, année 1885,
p. 206.)

160. **Les mêmes motifs devraient faire rendre**
une décision semblable si, au lieu du titre de maréchal expert, il avait été pris le titre de maréchal vétérinaire.

161. **Par les mêmes raisons de décider, les vété-**
rinaires sont, aussi, fondés à demander la **sup-**
pression de l'enseigne d'un empirique ainsi conçue:
Maréchalerie vétérinaire.

Le droit à la réparation du préjudice qu'ils **en**
auront éprouvé leur est, également, acquis.

Cette protection leur est d'autant plus nécessaire, que la faculté de soigner les animaux existant pour quiconque veut le faire, il leur importe
d'avoir, tout au moins, le droit d'empêcher toute
usurpation de titre pouvant pour le public, être
confondu avec celui de vétérinaire qu'eux seuls
ont le droit de prendre.

162. **Les vétérinaires et même tous ceux qui,**
sans être vétérinaires, s'occupent de la médecine
des animaux, ont le droit de composer et de vendre
toutes les préparations médicamenteuses destinées
aux animaux.

Sont exceptées, toutefois, les substances vénéneuses portées au tableau annexe du décret du
8 juillet 1850. (Burin et Legoux c. Passe.) LA
COUR, « attendu que les lois et ordonnances, tant
« anciennes que modernes, sur l'exercice de la
« médecine et de la pharmacie ont exclusivement
« en vue, la conservation de la santé de l'homme;
« attendu que la profession de vétérinaire pou-
« vant être exercée librement par toute personne,
« sans aucune condition d'études et de diplôme,
« il est naturel d'accorder la même liberté à la
« préparation et à la vente des médicaments des-
« tinés aux animaux ; qu'en effet, aux termes de
« l'article 22 de la loi du 21 germinal an XI,
« les pharmaciens ne pouvant délivrer de pré-
« parations médicamenteuses ou drogues compo-
« sées, que sur la prescription signée d'un docteur
« en médecine ou en chirurgie, ou d'un officier
« de santé, il en résulterait, si la vente des médi-
« caments destinés aux animaux n'était permise
« qu'aux seuls pharmaciens, que la médecine vé-
« térinaire deviendrait impossible pous tous les
« vétérinaires non brevetés ; qu'il suit de là,
« qu'en reconnaissant au demandeur éventuel qui
« exerce la médecine vétérinaire, le droit de pré-
« parer et débiter des compositions médicamen-
« teuses pour les animaux, lorsque ces prépa-
« rations ne contiennent aucune des substances
« vénéneuses portées au tableau annexé au décret
« du 8 juillet 1850, et en déclarant mal fondée,

« l'action des demandeurs en cassation, l'arrêt
« attaqué n'a violé aucune disposition de la loi;
« rejette, etc. » Cass. 17 juillet 1867, S. 1867,
1, 436. — Conf. Caen, 28 août 1865, S. 1866,
2, 286.

Nous devons cependant, signaler une circulaire
du Ministre du commerce du 20 mai 1853, qui permet aux vétérinaires de tenir chez eux et de vendre
des substances vénéneuses.

163. Les honoraires des vétérinaires se **prescrivent** par un délai d'un an.

Les vétérinaires sont, pour la prescription de
leurs demandes d'honoraires, assimilés aux **mé-
de**cins.

Cette assimilation leur rend applicable l'article
2272 du Code civil qui, cependant, ne comprend,
dans ses dispositions, que les médecins, les chirurgiens et les apothicaires.

Le sieur Dumont vétérinaire avait réclamé
aux consorts Proffitt, devant le tribunal civil de
Château-Thierry, 269 fr. pour soins donnés à des
animaux

Ces soins avaient commencé en juillet 1860 et
s'étaient continués jusqu'en septembre 1874.

Les consorts Proffitt ayant opposé le moyen de
prescription, il fut admis par le jugement dont
voici les termes : « *Le tribunal*, ATTENDU que les
« termes généraux de cet article (2272 Code civil)
« ont en vue toute personne exerçant l'art de
« guérir et s'appliquent, en conséquence, aux

« médecins vétérinaires; qu'il **a eu pour but d'at-**
« teindre toutes les créances qui se paient, généra-
« lement, chaque année. Par ces motifs, le tribu-
« nal, admettant la prescription proposée, déclare
« le demandeur mal fondé en sa demande. L'en
« déboute et le condamne aux dépens. » Trib. civil
de Château-Thierry, 20 avril 1882; *Presse vétéri-*
naire, année 1882, p. 455.

La règle générale, en matière de prescription,
est que les actions ne se prescrivent que par trente
ans.

Cette **règle a fait** admettre que les prescriptions
acquises par un temps moins long, constituent
des exceptions qui sont de droit étroit et doivent
être expressément restreintes aux termes exprès de
la loi.

L'article 2272 du code civil ne **visant que les**
médecins, chirurgiens et apothicaires, **nous avions**
pensé que ce jugement déféré à **la Cour de cassa-**
tion ne serait pas maintenu.

Un pourvoi fut formé et il a été **statué par la Cour**
de cassation dans les termes suivants :

La Cour : « Attendu que les termes généraux
« de l'article 2272 du code civil comprennent toute
« personne exerçant légalement la profession de
« médecin; que cet article doit donc s'appliquer
« aux vétérinaires qui pratiquent une des branches
« de la médecine et, notamment aux vétérinaires
« brevetés, puisqu'en 1804, époque à laquelle le
« titre du code civil sur la prescription **a été**

« décrété et promulgué, les vétérinaires brevetés
« tenaient de la loi du 28 germinal an 3 (art. 12)
« le titre de médecin vétérinaire, d'où il suit qu'en
« admettant l'exception de la prescription fondée
« sur l'article 2272 du code civil opposée par les
« défendeurs, à l'action de Dumont et en déclarant
« par suite, cette action non recevable, le jugement
« attaqué, loin de violer ledit article invoqué par
« le pourvoi, en a fait, à la cause, une saine appli-
« cation ; rejette. » Cass., **11 juin 1884**, *Presse vétérinaire*, année 1884, p. 382.

Depuis la loi du 28 germinal an **3**, est intervenue l'ordonnance du 15 septembre 1825 qui, par
son article **19**, ne reconnaît plus que le titre de
vétérinaire.

Cette suppression du titre de médecin répondait
suffisamment, selon nous, au motif invoqué contre
le pourvoi.

La doctrine de l'arrêt de la Cour de cassation
qui pourrait bien ne pas être le dernier mot de la
jurisprudence sur cette grave question, aboutit à
une singulière conséquence : les empiriques ont
trente ans pour réclamer leurs honoraires et les
vétérinaires en sont réduits à un délai d'un an.

Les vétérinaires pourront, toutefois, déférer le
serment à ceux qui leur opposeront la prescription,
sur la question de savoir s'ils ont été réellement
payés ; (art. 2275 c. civil.)

164. Le prix des médicaments fournis par les

vétérinaires est soumis aux mêmes règles concernant la prescription.

Les vétérinaires ont un moyen de se soustraire, pour le paiement de leurs honoraires et des médicaments par eux fournis, aux conséquences de cette prescription annale.

Ce moyen consiste à se faire souscrire par le débiteur, une reconnaissance de la dette avant qu'il se soit écoulé une année, depuis les soins donnés et les médicaments fournis.

Cette reconnaissance pourrait même résulter d'une lettre où le principe de la dette serait reconnu par le débiteur.

Au moyen de cette reconnaissance, la prescription ne sera plus acquise que par trente ans.

165. — Les honoraires des vétérinaires et le prix des médicaments qu'ils fournissent, doivent être considérés comme des frais faits pour la conservation de la chose.

Ils rentrent ainsi, dans les créances privilégiées du n° 3 de l'article 2102 du code civil.

166. Le privilège ne s'exerce que sur le prix des animaux qui ont été l'objet des soins et qui existent au jour de la faillite ou de la déconfiture.

(Delarbeyrette c. faillite Gaillard).

Le Tribunal : « Considérant que le sieur Delarbeyrette vétérinaire à Guéret et créancier du sieur Gaillard, pour soins donnés à ses animaux,

« d'une somme de 614 fr. 30, demande, aux
« termes de l'article 2102 n° 3, son admission par
« privilège, au passif de la faillite, pour la somme
« de 461 fr. 30 et, au marc le franc, concurrem-
« ment avec les autres créanciers, pour le surplus
« soit 153 fr., en expliquant que la première
« somme se réfère aux animaux existant dans le
« cheptel au moment de la déclaration de faillite
« et les 153 fr. aux animaux qui en étaient sortis
« avant cette époque. Considérant que les syndics
« reconnaissent, en principe, le privilège du
« vétérinaire; qu'ils ne contestent pas que les
« animaux soignés par Delarbeyrette, se trou-
« vaient dans le cheptel, lors de la déclaration de
« faillite; qu'ils se bornent à soutenir : 1° que,
« dans le compte que Delarbeyrette produit
« figurent de nombreuses visites assorties de
« nombreux médicaments pour le même animal :
« que toutes ces visites, tous ces remèdes n'étaient
« pas nécessaires à la conservation de la bête et
« que, dès lors, ils doivent être considérés comme
« frais de luxe et, réduits, dans une large propor-
« tion, par le tribunal. Que le compte remonte
« à l'année 1879, et que les soins donnés pendant
« une série d'années, ne peuvent être privilégiés.
« Considérant que Delarbeyrette ne venait chez
« Gaillard que sur son invitation; que ce dernier
« propriétaire des animaux avait, seul, qualité
« pour apprécier l'opportunité de ces visites et
« que, du moment où il l'appelait, c'est qu'il

« jugeait sa présence indispensable. Considérant,
« en ce qui touche les soins donnés pendant une
« série d'années, que le tribunal **ne** peut établir
« une prescription qui n'est **pas** édictée **par la**
« loi; par ces motifs, le tribunal, après en **avoir**
« délibéré, jugeant en matière de commerce, dit **et**
« décide que le sieur Delarbeyrette **sera admis, par**
« privilège, au passif de la faillite, pour la **somme**
« de 461 fr. 30 et que, pour celle **de 153 fr.** il
« viendra, au marc le franc, **avec les autres**
« créanciers. Condamne le syndic aux dépens. »
Trib. com. de Guéret, 6 juillet 1883. *Presse vétérinaire*, année 1883, p. 457. Conf. trib. com. de
Vimoutiers, 14 mars 1883, *Presse vétérinaire,* année
1883, p. 454.

167. Ces deux décisions reconnaissent que les
honoraires des soins donnés par les vétérinaire aux
animaux dépendant d'une faillite, sont privilé**giés.**

Elles diffèrent seulement sur l'étendue du privilège.

Le jugement du tribunal de Guéret admet le
privilège pour des honoraires de visites faites
quatre ans avant la déclaration de faillite, tandis
que le jugement du tribunal de Vimoutiers ne l'admet que pour les honoraires des visites **faites dans**
les six mois qui auront précédé la **faillite.**

On ne s'explique pas cette restriction.

Le privilège établi par le n° 3 de l'article 2102 du
Code civil n'est, en effet, limité **qu'en ce qu'il ne**

peut s'exercer que sur le prix de la chose conservée.

L'époque à laquelle la créance est née, est sans influence sur l'exercice de ce privilège qui est acquis pour toute créance ayant le caractère de frais faits pour la conservation de la chose, quel que soit le temps antérieur auquel la créance a pu prendre naissance.

La doctrine du jugement du tribunal de Guéret doit donc être suivie pour les vétérinaires.

Leur créance doit être admise par privilège, sans qu'il y ait lieu de restreindre l'exercice de ce privilège, à raison de l'époque, à laquelle, les soins auront été donnés.

La même règle s'appliquera pour la créance résultant de médicaments fournis.

168. La fourniture des fers des chevaux et leur ferrure ne peuvent être considérés comme conservatoires des chevaux ou additionnels de leur valeur.

La créance en résultant ne saurait dès lors être admise par privilège, sur le prix des chevaux qui ont été l'objet de ces dépenses : (D. R. v° privilèges et hypothèques 315).

Un arrêt de la cour d'Amiens rendu le 20 novembre 1837 l'a ainsi jugé ; l'application des fers à un cheval, y est-il dit, ne peut être considérée comme une opération conservatrice des chevaux ou additionnelle de leur valeur : (D. R. v° privilèges et hypothèques 298.)

169. Le vétérinaire soignant un animal atteint d'une maladie contagieuse doit, aussitôt qu'il l'a constaté, en faire la déclaration à l'autorité municipale. Telle est la prescription de l'art. 3 de la loi du 21 juillet 1881 sur la police sanitaire des animaux.

S il ne s'y conforme pas, le vétérinaire encourt les peines édictées par l'art. 30 de la loi précitée qui consistent dans un emprisonnement de six jours à deux mois et une amende de 16 à 400 francs.

Sous l'ancienne législation, la même prescription sanctionnée par une peine d'amende existait pour le vétérinaire : (Orléans, 8 sept. 1856, S. 1857, 2.221.)

170. L'animal, pendant qu'il est dans l'atelier du maréchal ferrant, est sous sa garde.

Il est, dès lors, responsable de tout accident qui, dans son atelier, survient à l'animal.

Cette responsabilité est fondée sur ce que l'artisan qui reçoit chez lui un animal pour lui donner des soins que son état exige, doit être considéré comme l'ayant pris sous sa garde et assimilé à une personne qui en a, momentanément, l'usage.

171. Le maréchal ferrant serait affranchi de cette responsabilité, s'il parvenait à prouver que, malgré toutes ses précautions, l'accident n'a pu être évité, parce qu'il provient de causes qu'il n'a pu prévoir et qu'il lui a été, par suite, impossible de conjurer.

Ces principes ont été appliqués dans une espèce ou nous plaidions pour le propriétaire de l'animal et qui présente beaucoup d'analogie avec le cas qui nous occupe.

Un cheval était conduit au haras de Bures ; pendant le trajet, il fut atteint, au pied postérieur droit, par la roue d'une voiture et si grièvement blessé, que l'on dût l'abattre.

Le sieur B..., propriétaire du cheval, assigna en condamnation solidaire du préjudice qu'il en éprouvait, non seulement le sieur V... à qui appartenait la voiture et qui la conduisait lors de l'accident, mais encore le sieur G..., directeur du haras, comme responsable de son employé qui conduisait le cheval.

La demande fut admise à l'égard du sieur V... et repoussée à l'égard du sieur G... par le jugement suivant : LE TRIBUNAL : « *Attendu* que la jument que « G... était venu prendre dans les écuries de B... « pour la conduire au haras de Bures, a été « grièvement blessée au pied postérieur droit par « la roue de la voiture de V... dont le cheval était « emporté ; qu'il y a eu nécessité de l'abattre ; « attendu que cet accident a été occasionné par la « faute de V... qui avait abandonné sa voiture et « n'était pas à portée de diriger son cheval; « attendu qu'aucune faute n'est imputable à G... « qui occupait sa droite sur la chaussée et tenait « en main la jument, lorsqu'elle a été atteinte par « la voiture de V... dont le cheval est venu fondre « sur eux par derrière; qu'il lui a été impossible « d'éviter le choc; attendu que la jument de B... « était affectée d'un vessigon, qu'elle était conduite « à Bures afin de lui appliquer des pointes de

« feu ; que sa valeur était diminuée ; que le tri-
« bunal a les éléments nécessaires pour la déter-
« miner ; par ces motifs déclare B... mal fondé en
« sa demande contre G... l'en déboute. Condamne
« V... à payer à B... la somme de trois mille francs,
« ensemble les intérêts de droit, pour le prix
« de la jument dont s'agit, le condamne aux dé-
« pens. » Trib. civ. de la Seine, 5° ch., 19 juin 1884.
Sur appel interjeté par V..., arrêt confirmatif,
Paris, 2° ch., 25 janvier 1886.

Depuis ces décisions, une espèce soulevant la
question spéciale que nous avions traitée a donné
lieu à l'arrêt suivant, rendu en conformité des principes que nous avons exposés.

(Gombault d'Arnault, c. Blin). La Cour : « Sta-
« tuant sur l'appel interjeté par Blin, d'un juge-
« ment rendu le 2 avril 1884 par le Tribunal civil
« de la Seine ; considérant qu'aux termes de l'ex-
« ploit introductif d'instance, le baron Gombault
« d'Arnault attribue la blessure qui a déterminé
« la mort de son cheval, à la mauvaise installation
« des ateliers de Blin et à une insuffisance de
« précautions ; considérant que le demandeur
« ne démontre pas que l'accident dont s'agit soit
« dû à l'état des lieux où s'opérait le ferrage ;
« qu'il a été allégué devant l'expert et non contesté
« que le baron Gombault d'Arnault en connaissait
« la disposition et avait visé la forge de Blin
« avant d'y envoyer ses chevaux ; que le 27 no-
« vembre 1880, la croupe du cheval se trouvait à

« trois metres de l'établi et que l'animal n'a en-
« gagé son membre postérieur gauche entre le
« parement et la tranche, qu'en exécutant un bond
« qui ne pouvait être prévu et dont les personnes
« présentes n'ont pas indiqué la cause ; considérant
« qu'aucun fait de négligence ni de maladresse
« n'est prouvé à la charge de Blin ni de ses ou-
« vriers ; que dans ces conditions et en l'absence
« d'une faute dont l'appelant doive être considéré
« comme responsable, il y a lieu de réformer la
« décision des premiers juges ; par ces motifs in-
« firme ledit jugement, déclare le baron Gombault
« d'Arnault mal fondé dans sa demande, l'en dé-
« boute, etc. » Paris, 25 mai 1886, la *Presse vétérinaire*, année 1886, p. 520.

172. Le maréchal ferrant qui fait reconduire
l'animal à son écurie par l'un de ses ouvriers, est
aussi responsable de l'accident que l'animal éprouve
pendant le trajet.

173. Cette responsabilité n'existerait plus toutefois, si le maréchal ferrant parvenait à faire la preuve que nous avons indiquée n° 171.

174. Le maréchal ferrant est encore responsable
des accidents causés dans son atelier par un animal,
qui lui a été confié pour la ferrure ou pour tout
autre travail.

Il en est de même pour les accidents causés par
cet animal, lorsqu'il est reconduit de l'atelier à son
écurie par un ouvrier du maréchal ferrant.

Ce dernier cas a donné lieu à l'arrêt suivant :

La Cour : « Vu l'article 1385 du Code civil ; attendu
« qu'il résulte, en fait, du jugement attaqué que
« Carqueville a été blessé par un cheval apparte-
« nant, il est vrai, au demandeur en cassation,
« mais qui, ayant été conduit à la forge d'un maré-
« chal ferrant, était lors de l'accident, ramené
« par un ouvrier au service de ce maréchal ;
« attendu qu'un artisan qui reçoit, chez lui, un
« animal pour lui donner des soins que son état
« exige, doit être considéré comme l'ayant pris
« sous sa garde et assimilé à une personne qui en
« a momentanément l'usage ; que, par conséquent
« tant que l'animal n'a pas été restitué au pro-
« priétaire, ce dernier, à moins d'avoir commis
« une faute particulière, qui n'est point alléguée
« dans l'espèce, ne saurait être rendu responsa-
« ble du dommage que cet animal a pu causer ;
« qu'en décidant le contraire, le jugement dénoncé
« a faussement appliqué et, par suite, violé l'article
« de la loi ci-dessus visé ; Cass. 3 décembre 1872,
« S. 1872, 1,402. »

175. L'accident provenant d'un **vice propre à**
l'animal qui l'aurait causé, sans qu'aucun reproche
de négligence ou de défaut de précaution puisse
être fait au maréchal ferrant ou à son ouvrier, le
propriétaire de l'animal serait, alors, responsable
de l'accident.

Le maréchal ferrant serait encore affranchi de
toute responsabilité, si l'accident provenait de la
faute de celui qui l'aurait éprouvé.

176. Les vétérinaires ayant une forge où il est procédé à la ferrure des animaux ont, comme les maréchaux ferrants, ces animaux sous leur garde; ils sont, par suite, soumis aux mêmes responsabilités.

Ils en sont affranchis par les mêmes raisons de droit qui exonèrent les maréchaux ferrants.

177. Ces responsabilités sont également encourues par l'aubergiste qui loge des animaux.

Il n'en est affranchi que lorsqu'il prouve qu'il a pris toutes les précautions et que l'accident arrivé chez lui, à l'animal, provient d'une cause qu'il ne pouvait prévoir et que par suite, il n'a pu conjurer.

Il en serait aussi affranchi, si l'accident était provenu d'un vice ou d'une autre cause propre à l'animal.

178. Les vétérinaires, les maréchaux ferrants et les aubergistes sont responsables, lorsque l'animal qui leur est confié est atteint, chez eux, d'une maladie contagieuse.

Cette maladie provenant du contact, chez eux, avec un autre animal, ou pouvant même provenir du séjour antérieur dans l'écurie d'un animal malade, ils doivent subir les conséquences de la faute qu'ils ont commise, en recevant cet animal, sans s'être, préalablement, assurés qu'il ne présentait aucun danger de contagion ou de n'avoir pas pris, après son départ, les précautions nécessaires.

179. Leur responsabilité n'existerait pas, s'il était établi que la maladie aurait été communiquée avant qu'ils aient pu se rendre compte de l'état de l'animal atteint de la maladie contagieuse.

Cette exception a été admise dans une espèce présentant beaucoup d'analogie avec le cas qui nous occupe.

Une personne venant chez un vétérinaire, y avait été mordue par un chien atteint de la rage, que son propriétaire voulait faire examiner.

Sur les poursuites du ministère public contre le vétérinaire et le propriétaire du chien, il a été rendu le 22 septembre 1885, par la 9e chambre de police correctionnelle du tribunal de la Seine, un jugement relaxant le vétérinaire et condamnant le propriétaire du chien à quinze jours d'emprisonnement ; (*Gazette des tribunaux*, n° du 23 septembre 1885.)

Le vétérinaire avait pu justifier que la personne qui avait été mordue était entrée chez lui avant qu'il ait pu examiner le chien.

Quant à son propriétaire, il l'avait laissé en liberté et sans muselière dans la salle d'attente du vétérinaire, bien qu'il le soupçonnât d'être malade et que, pendant le trajet, il eut mordu trois chiens.

ARTICLE 8

Le vendeur sera appelé à l'expertise, à moins qu'il n'en soit autrement ordonné par le juge de paix, à raison de l'urgence ou de l'éloignement.

La citation à l'expertise devra être donnée au vendeur dans les délais déterminés par les articles 5 et 6; elle énoncera qu'il sera procédé même en son absence.

Si le vendeur a été appelé à l'expertise. la demande pourra être signifiée dans les trois jours à compter de la clôture du procès-verbal, dont copie sera signifiée en tête de l'exploit.

Si le vendeur n'a pas été appelé à l'expertise, la demande devra être faite dans les délais fixés par les articles 5 et 6.

COMMENTAIRE

180. L'article 8 vient apporter une modification importante aux formalités de mise en règle que la loi du 20 mai 1838 avait prescrites.

Cette loi n'imposait à l'acheteur que l'accomplissement de deux formalités.

1° Provoquer la nomination des experts;

Et 2° signifier la demande en résolution du marché.

L'article 8 y ajoute une troisième formalité; appeler le vendeur à l'expertise.

181. L'acheteur pourra, toutefois, ne pas remplir cette troisième formalité, s'il en a été dispensé par l'ordonnance du juge de paix nommant les experts; (form. nᵒˢ 4 et 5).

182. Le juge de paix ne pourra accorder cette dispense qu'au cas d'urgence ou au cas d'éloignement du vendeur.

183. Le pouvoir du juge de paix de dispenser de l'appel à l'expertise est limité à ces deux cas,

Il en est ainsi : parce que l'article 8 prescrit que le vendeur doit être appelé à l'expertise et il ne peut y être dérogé que dans les deux cas exceptionnels qu'il énumère.

184. L'urgence existera, lorsque la requête n'étant présentée que dans les derniers jours et surtout le dernier jour du délai de garantie, l'acheteur n'aura plus le temps nécessaire pour appeler, pendant ce délai, le vendeur à l'expertise.

L'urgence existera encore, lorsque la mort de l'animal pouvant survenir; il y a intérêt à faire constater immédiatement son état et les causes de sa mort ou, dans toutes autres circonstances pouvant constituer le cas d'urgence.

Mais, nous le répétons, le juge de paix n'est autorisé à dispenser de l'appel à l'expertise que si cette dispense est justifiée par un motif impérieux d'urgence.

185. Il devra, par suite, énoncer et préciser, dans son ordonnance, le motif d'urgence qui l'aura autorisé à dispenser de l'appel à l'expertise.

186. Le second motif autorisant le juge de paix à accorder la dispense de l'expertise existe, lorsque le lieu où l'animal se trouve est éloigné du domicile du vendeur.

Il importe, en effet, qu'à raison du jour éloigné auquel, à cause de l'éloignement de son domicile, le vendeur pourrait être seulement appelé à l'expertise, les constatations des experts ne soient pas différées.

187. Comme pour le motif de l'urgence, le juge de paix devra, dans son ordonnance, énoncer et préciser le lieu où l'animal se trouvera et le lieu du domicile du vendeur pour qu'ainsi, l'autorisation de la dispense se trouve justifiée.

Le juge de paix ayant à tort, refusé de dispenser l'acheteur de l'appel à l'expertise et celui-ci s'étant trouvé dans l'impossibilité matérielle d'accomplir cette formalité dans les délais prescrits par l'article 8, à raison du temps qui lui manquait, son action rédhibitoire n'en devra pas pour cela être déclarée non recevable pour le défaut de cette formalité, car à l'impossible, nul ne peut être tenu.

Il en est ainsi par l'application du principe : que les déchéances ne sauraient être opposées à celui qui n'a pu agir.

188. L'appel à l'expertise aura lieu au moyen d'une sommation, que l'acheteur fera signifier au vendeur, d'assister aux constatations des experts aux jour et heure qu'ils auront fixés ; (formule n° 10).

189. Cette sommation, en tête de laquelle il y aura lieu, quoique la loi ne le prescrive pas, de donner copie des requête et ordonnance, devra être signifiée dans les délais fixés par les articles 5 et 6.

On devra pour ces délais, suivre les règles que nous avons tracées (n° 80, 82 et de 104 à 109).

190. L'expression *devra* dont la loi se sert, démontre qu'elle prescrit, à peine de voir l'action déclarée non recevable, que ces délais soient observés.

Ses termes impératifs ne laissent aucun doute sur l'obligation, pour l'acheteur, de signifier au vendeur la sommation à l'expertise, dans les délais prescrites par les articles 5 et 6.

On s'explique, d'ailleurs, qu'il en soit ainsi, par le caractère obligatoire de cette formalité.

Elle constitue une des formalités de la mise en règle qui, nécessairement et, parce qu'elle est prescrite pour cette mise en règle, doit aussi bien que les deux autres, être accomplie dans les délais fixés par la loi.

Il a été, néanmoins, jugé le contraire dans l'espèce suivante :

Le sieur Liot avait vendu le 12 août 1884, à la

foire de Guibray, aux sieurs Camus et Alliot **un**
cheval, pour le prix de 1,305 francs payés comptant.

Ces derniers avaient **le 14 août 1884**, revendu
le cheval au sieur Lemanissier.

Celui-ci, après avoir préalablement présenté re-
quéte afin de nomination d'experts, assigna le
22 août 1884, les sieurs Camus et Alliot devant
le tribunal de commerce de la Seine, en résolution
de la revente, parce que, selon lui, le cheval était
atteint du vice rédhibitoire l'immobilité.

Le 25 août 1884, les sieurs Camus et Alliot assi-
gnèrent à leur tour, en garantie, le sieur Liot leur
vendeur devant le tribunal civil de Mortain.

Le 30 août 1884, le sieur Liot fut, par une sommation, appelée à l'expertise.

Le 21 septembre 1884, intervint, sur la demande
principale du sieur Lemanissier, contre les sieurs
Camus et Alliot, un jugement du tribunal de commerce de la Seine prononçant la résolution de la
revente.

Les sieurs Camus et Alliot avaient signifié au
sieur Liot leur demande récursoire en garantie
dans le délai de la loi qui, à raison des distances,
n'expirait que le 28 août 1884.

Le sieur Liot opposa, toutefois, que n'ayant été
appelé à l'expertise par les sieurs Camus et Alliot
que le 30 août 1884, c'est-à-dire deux jours après
l'expiration du délai, leur demande en garantie
n'était pas recevable.

Il a été statué en ces termes sur cette fin de non
recevoir. Le Tribunal : « Attendu qu'il est en effet
« constant en droit et en jurisprudence, que l'ac-
« tion doit toujours être intentée et l'expertise
« provoquée dans le délai légal, c'est-à-dire dans
« un délai préfixe sous peine de déchéance ; que
« c'était le droit commun sous la loi de 1838 ; que le
« texte de la loi du 2 août 1884 et la discussion qui
« a eu lieu, lors du vote de cette loi, ne laissent
« pas de doute à cet égard (V. les art. 5, 6 et 7 de
« la loi du 2 août 1884) « quelque soit le délai pour
« intenter l'action, l'acheteur, à peine d'être non
« recevable, dit l'article 7, devra provoquer dans
« les délais de l'article 5, la nomination d'experts
« chargés de dresser procès-verbal ». Attendu, au
« contraire, que si l'article 8 de la loi du 2 août
« 1884 dispose que le vendeur sera appelé à l'exper-
« tise, la loi n'en fait pas une règle absolue ; le
« vendeur sera appelé, à moins qu'il n'en soit au-
« trement ordonné par le juge de paix, à raison
« de l'urgence et de l'éloignement ; qu'une autre
« différence essentielle existe : en ce que l'article 7
« de la même loi décide que l'acheteur, à peine
« d'être déclaré non recevable, devra provoquer
« dans les délais de l'article 5, la nomination
« d'experts, tandis que l'article 8, au contraire,
« ne déclare pas que l'action sera irrécevable, si
« la citation pour comparaître à l'expertise, n'a
« pas été donnée dans les mêmes délais ; que cepen-
« dant, toutes les fois que la loi a entendu impo-

« ser l'accomplissement d'une formalité sous peine
« de déchéance, elle a pris le soin de le dire et
« qu'il est de principe que les déchéances sont
« de droit étroit, et cela, surtout lorsqu'une for-
« malité n'est pas substantielle mais secondaire,
« comme dans l'espèce, et spécialement, en ma-
« tière de délais, quand leur inobservation n'a
« comporté aucun préjudice ; or, attendu, dans la
« cause, que le défendeur avait été cité le 30 août
« pour assister à une expertise qui devait avoir
« lieu le 5 septembre seulement ; qu'à ce moment,
« il avait tout le temps et toute la facilité pour se
« présenter à l'expertise et là, pour écouter les
« conseils du médecin-vétérinaire, pour tenter, au
« besoin, la conciliation et éviter, en tous cas,
« les frais d'un procès, suivant la pensée qui a
« surtout dicté cette sage disposition de la loi ;
« attendu que cette citation a encore pour but
« d'avertir le vendeur que sa non comparution à
« l'expertise, n'empêchera pas l'expert de procé-
« der ; attendu aussi que le but et l'esprit de la
« loi qui a présidé à la déchéance édictée, pour
« l'inobservation des délais, dans les articles 5
« et 6, sont bien différents de ceux qui ont pré-
« sidé, à cet égard, à la rédaction de l'article 8 de
« cette même loi ; qu'une déchéance de cette na-
« ture, par suite de tout ce que nous venons de
« dire, ne peut donc être prononcée, en vertu
« de l'article 8, dès que le retard est, comme dans
« l'espèce, insignifiant, sans portée, sans préju-

« dice et sans intention, et lorsque, **en définitive,**
« le but et la pensée de la loi ont été remplis ;
« mais que, bien plus, si l'article 8 était entendu,
« comme l'entend le sieur Liot, l'exercice de l'ac-
« tion rédhibitoire deviendrait impossible en pra-
« tique, lorsque le vice rédhibitoire, comme cela
« peut arriver assez fréquemment, est constaté le
« dernier jour ; attendu, en conséquence, qu'on
« doit, en l'état, déclarer recevable, en la forme,
« l'action des demandeurs ; que le délai de l'ar-
« ticle 8 n'est point un délai préfixe qui entraîne,
« dans tous les cas, une non recevabilité absolue,
« lorsque, d'ailleurs, le vendeur a été appelé à
« temps, pour assister à l'expertise ; que c'est
« alors une question laissée à l'appréciation des
« tribunaux, par argument d'analogie tiré du
« § 1er de l'article 8 ; par ces motifs déclare l'ac-
« tion des consorts Camus recevable en la forme,
« etc... » Trib. civil de Mortain, 30 janvier 1885,
« S. 1885, 2, 166.

Le jugement que nous venons de rapporter s'appuie sur ce motif : que l'article 8 ne comprend pas,
comme l'article 7, ces mots : « à peine d'être non
recevable. »

Ce changement de rédaction s'explique, par la
dispense de l'appel à l'expertise que le juge de
paix est, exceptionnellement et seulement pour
cette formalité, autorisé à accorder.

La faculté de dispense laissée au juge de paix
dans certains cas, empêchait la loi de déclarer,

comme elle le fait, dans l'article 7 pour la requête afin de nomination d'experts, que l'action ne serait pas *recevable* si l'appel à l'expertise n'avait pas eu lieu dans les délais déterminés par les articles 5 et 6.

La volonté de la loi que l'appel à l'expertise ait lieu dans ces délais, à moins d'en avoir été dispensé par le juge de paix, n'en reste pas moins aussi impérieuse que pour les deux autres formalités de la mise en règle.

L'expression *devra* dont elle se sert dans l'article 8 indique clairement que ce n'est pas là une formalité pouvant être valablement accomplie indifféremment un jour ou un autre jour, mais seulement dans les délais qu'elle fixe.

La loi du 2 août 1884 est surtout une loi de délais rigoureux; rien, à cet égard, n'y est laissé à l'arbitraire, pas plus qu'à l'appréciation des tribunaux.

Elle crée une exception à l'article 1648 du code civil qui, au contraire, ainsi que nous l'expliquons n° 42, laisse aux tribunaux l'entière appréciation de la question de savoir si l'action a été intentée dans un bref délai, suivant la nature des vices rédhibitoires et l'usage du lieu où la vente a été faite.

On arriverait, avec la doctrine du jugement, à supprimer cette distinction faite par la loi du 2 août 1884, entre l'action qu'elle gouverne et celle régie par l'article 1648 du code civil; car, pour chercher à fortifier ce motif de droit qu'il énonce, le jugement croit devoir y ajouter des considérations de fait tirées de l'absence de préjudice et du temps laissé au vendeur, par la sommation, pour pouvoir assister à l'expertise.

Un autre motif invoqué dans le jugement est tiré de ce que le vice rédhibitoire ne se manifestant souvent que le dernier jour du délai de garantie, il serait impossible à l'acheteur de signifier dans ce délai, la sommation d'assister à l'expertise.

La réponse à cette objection se trouve dans l'article 8 qui, à raison de l'urgence, ce qui est précisément le cas envisagé par le jugement, autorise le juge de paix à dispenser de l'appel à l'expertise.

On a vu d'ailleurs (n° 187), que le refus du juge de paix d'accorder la dispense dans un cas la justifiant, pourrait ne pas être un motif de la non recevabilité de l'action.

Sur appel interjeté de ce jugement, il a été confirmé par la cour de Caen, le 6 juin 1885, S. 1886, 2, 32.

Les considérants de cet arrêt reproduisent les motifs du jugement.

Il est toutefois ajouté cette considération de fait que : « Si l'appel à l'expertise dans les délais
« déterminés par les articles 5 et 6 était obliga-
« toire, l'acheteur se trouverait empêché d'exer-
« cer son action, lorsque le vice se manifestant
« le dernier jour du délai, le juge de paix se refu-
« serait, néanmoins, de dispenser de l'appel à
« l'expertise. »

Cette considération de fait qui, d'ailleurs, ne serait qu'une critique de la loi, n'est pas justifiée.

Nous l'avons déjà réfutée n° 187.

L'acheteur, dans le cas plus qu'improbable, envisagé par l'arrêt, avait, dans sa requête afin de nomination d'experts, demandé à être dispensé de l'appel à l'expertise, en se fondant sur un motif d'urgence qui aurait dû lui faire accorder cette dispense.

Elle lui est néanmoins refusée; ce refus, empêché qu'il est d'accomplir la formalité de l'appel à l'expertise, n'aura pas pour effet de rendre son action non recevable.

Il a fait tout ce qu'il pouvait et devait faire pour se conformer à la loi.

S'il n'a pas accompli la formalité, c'est uniquement parce que le temps matériel pour le faire lui a manqué.

Il est donc, comme nous l'avons dit n° 187, placé sous l'égide de ce principe de droit consacré par la doctrine et la jurisprudence : que la règle en matière de prescription, « qu'elle ne court pas « contre celui qui n'a pu agir » s'applique aux déchéances résultant de l'expiration d'un délai; (Merlin, v° prescription sect. 1 § 1, n° 3, D. R. v° prescription 40 ; Caen, 1er février 1842, D. R. v° effets de commerce, 721.)

L'acheteur se trouve ainsi dans la même situation que celui qui, à raison de l'absence ou de l'empêchement du juge de paix et de ses suppléants, aura été dans l'impossibilité d'obtenir, dans le délai de garantie, l'ordonnance nommant des experts.

En justifiant que, dans le délai de garantie, il avait fait les diligences prescrites par la loi, pour être dispensé de l'appel à l'expertise, aucune fin de non-recevoir ne pourra, non plus, lui être opposée, pour ne pas avoir, dans ce délai, accompli la formalité de l'appel à l'expertise.

Les décisions que nous venons de rapporter et qui à tort, selon nous, d'après les considérations qui précèdent, ont admis que l'appel à l'expertise pouvait être valablement effectué, en dehors des délais fixés par l'article 8, avaient, d'ailleurs, un motif juridique qui leur a échappé, pour déclarer recevable la demande des sieurs Camus et consorts.

Cette demande consistait dans une action recursoire en garantie.

Or, nulle part, la loi du 2 août 1884 n'impose au demandeur en garantie, l'obligation d'appeler son garant à l'expertise.

Il est, sans doute, préférable qu'il en soit ainsi, lorsque cet appel peut avoir lieu; mais il n'est pas obligatoire.

On comprend, du reste, facilement qu'il n'en peut être autrement, avec la rapidité de procédure qui est prescrite au demandeur principal exerçant l'action redhibitoire contre son vendeur, rarement, celui-ci pourrait avoir le temps d'appeler à l'expertise celui de qui il tient l'animal.

191. La sommation énoncera qu'il sera procédé, par les experts, même en l'absence du vendeur.

Il a été informé, par la sommation, des jour et heure auxquels les experts procéderont à leurs constatations.

Son intérêt est ainsi sauvegardé : mais il ne faut pas que son refus de s'y trouver ou sa négligence dans le soin de ses intérêts, aient pour conséquence de retarder des constatations qui ne doivent subir aucun retard.

Aussi, son absence ne doit-elle par les retarder et il en est prévenu par la sommation qui lui a fait savoir qu'à défaut d'y déférer, il n'en sera pas moins procédé à l'expertise.

192. Les dispositions des articles 5 et 6 qui fixent les délais dans lesquels l'action rédhibitoire devra être intentée, sont modifiées par l'article 8, dans le cas où le vendeur aura été appelé à l'expertise.

Dans ce cas, l'acheteur aura la faculté d'intenter son action dans les trois jours qui suivront la clôture du procès-verbal des experts.

193. — Par l'expression *pourra* employée par l'article 8, il déclare qu'il confère seulement une faculté à l'acheteur; mais que, s'il le veut, il

pourra aussi, quoiqu'il ait appelé le vendeur à l'expertise, intenter son action dans les délais fixés par les articles 5 et 6.

194. Le délai des trois jours qui suivront la clôture du procès-verbal des experts doit être rigoureusement observé.

Son inobservation rendrait l'action non recevable.

195. On remarque qu'il n'est pas dit, comme dans l'article 5, que le délai des trois jours, pour intenter l'action, sera franc, mais seulement qu'elle devra être formée dans les *trois jours* de la clôture du procès-verbal des experts.

Il en résulte une conséquence importante : la demande devra être signifiée dans les trois jours, sans que cette signification puisse avoir lieu valablement le lendemain du troisième jour. (Mercès c. Gachet.) La Cour : « Attendu que l'article 1033 « du code procédure civile, d'après lequel le jour « de la signification (*dies a quo*) ni le jour de « l'échéance (*dies ad quem*) ne sont point compris « dans le délai n'est applicable qu'au délai géné- « ral fixé pour les ajournements, citations, som- « mations et autres actes faits à personne ou do- « micile; mais que la règle générale formulée « dans ledit article reçoit exception lorsque, par « l'emploi de formules inclusives, le législateur « a clairement manifesté l'intention que l'acte ne « put être fait que le jour de l'échéance et non le « lendemain de cette échéance; attendu que, d'a-

« près l'article 483 du code de procédure civile
« modifié par la loi du 3 mai 1862, seulement,
« quant à la durée du délai, la requête civile
« doit être signifiée *dans* les deux mois du jour
« de la signification à domicile ou *a partir* du
« jugement attaqué par cette voie et que, par
« conséquent, le jour où la requête civile doit
« être signifiée est le dernier jour des deux
« mois comptés de quantième à quantième;
« attendu que, dans l'espèce, l'arrêt attaqué, par
« voie de la requête civile ayant été signifié à la
« dame Mercès le 22 janvier 1864, les deux mois
« commençaient le 23 et se trouvaient complétés le
« 22 mars; que c'est donc avec raison que la cour
« impériale de Bordeaux a rejeté comme tardive
« la requête civile signifiée le 23 mars; qu'en
« jugeant ainsi, l'arrêt attaqué, loin d'avoir violé
« les articles 483 et 1033 du code de procédure
« civile, ainsi que l'article 3 de la loi du 3 mai
« 1862, en a fait une juste application; rejette,
« etc. » Cass. 4 décembre 1865, S. 1866, 1, 22. —
Conf. Bordeaux, 15 juillet 1864, S. 1864, 2, 245.

196. Le jour de la clôture du procès-verbal **des**
experts n'est pas compris dans les trois jours.

Il est, en effet, de règle constante : que lorsque
la loi emploie les expressions : *à compter du; à
dater du; depuis,* ou *à courir de;* le jour qui sert
de point de départ du délai n'est pas compris dans
le délai. (Vimont c. Sykès et Collière). La Cour :
« Vu les articles **4,** 8 et 32 § 1 de la loi du 5 juil-

« lct 1844; attendu que, aux termes de ces dispo-
« sitions, la durée d'un brevet d'invention court
« du jour du dépôt prescrit par l'article 5 de la
« même loi et que la taxe annuelle qui est une
« des conditions de la concession du brevet, doit
« sous peine de déchéance, être payée avant le
« commencement de l'année, pour laquelle elle
« est due; attendu que dans la supputation des
« délais qui se comptent par jour, il est de règle
« surtout quand il s'agit de déchéance, d'exclure
« du délai, *le jour qui en est le point de départ;*
« que cette règle générale est applicable, toutes
« les fois que les termes d'une disposition législa-
« tive n'y résistent pas, etc. » Cass. 20 janvier 1863,
S. 1863, 1, 11. — Conf. Besançon, 20 mars 1809;
S. C. N. 3, 2. — Cass. 19 février 1825, S. C. N. 8, 2,
31. — Bordeaux, 23 janvier 1826, D. R. V° délai 29.
— Nancy 16 juin 1830, D. R. V° Délai 29. —
Rouen, 12 décembre 1862, D. P. 1863, 2, 183. —
Nancy, 20 mai 1863, D. P. 1863, 2, 184.

197. De ce que le jour du point de départ du délai de trois jours n'est pas compris dans ces trois
jours, il n'en résulte pas pour cela que l'action ne
puisse être valablement intentée le jour qui sert de
point de départ au délai.

198. Le troisième jour étant un jour férié, la demande sera, valablement, signifiée le lendemain.

Il y a lieu, dans ce cas, d'appliquer la disposition de l'article 1033 du code de procédure civile

qui proroge au lendemain le délai dont le dernier jour est un jour férié.

Cette disposition est, en effet, applicable à tous les délais édictés par les lois civiles et commerciales; Rouen, 19 mars 1870. S. 1870, 2, 296.

199. Le domicile du vendeur étant éloigné du lieu où se trouve l'animal, le délai de trois jours, pour la signification de la demande, sera augmenté, à raison de la distance, selon les règles tracées n°s 105 et 106.

200. Le but que la loi s'est proposé, en autorisant l'acheteur à intenter son action après la clôture du procès-verbal des experts, est de lui permettre d'apprécier, après connaissance par lui prise de l'avis des experts, s'il doit ou non engager le procès.

Pour que ce but puisse être atteint, les experts devront déposer leur procès-verbal immédiatement après sa clôture.

201. Il est surtout indispensable qu'il en soit ainsi, parce que leur procès-verbal devant être signifié en tête de la demande, il est nécessaire que le greffier de la justice de paix en délivre une expédition et, qu'il lui faut le temps de la faire.

202. Il y aura lieu, pour l'acheteur qui n'intentera son action que dans les trois jours du dépôt du procès-verbal des experts, de donner également, en tête de sa demande, copie de sa requête afin de nomination d'experts et de l'ordonnance

du juge de paix, s'il ne l'a **déjà fait**, lorsqu'il a signifié sa sommation au **vendeur d'assister à** l'expertise.

Toutefois, la signification de ces requête et ordonnance n'est pas prescrite **par la loi.**

203. L'acheteur ayant été dispensé de l'appel **à** l'expertise, il n'a pas rempli la condition qui, seule, aurait pu l'autoriser à n'intenter son action **que** dans les trois jours qui suivent le dépôt **du procès-**verbal des experts; il ne pourra donc, **dans ce cas,** signifier, valablement, sa demande que dans **les** délais fixés par les articles **5 et 6.**

204. On doit appliquer, sous la loi du 2 août 1884, le principe qui a constamment prévalu sous la loi du 20 mai 1838, à savoir : qu'aucune autre formalité ne saurait suppléer celles qui sont prescrites ou dispenser de les accomplir : (Cass. 15 mai 1854, S. 1854, 1,457. — Cass., 10 décembre 1855, S. 1856, 1, 237. — Trib. civil de la Seine, 8 septembre 1869; *Le Droit*, n° du 17 septembre 1869.)

205. L'éloignement de l'acheteur du lieu où se trouve l'animal pendant le cours du délai qui lui est imparti pour remplir les formalités de mise en règle, rend souvent nécessaire, qu'au moyen d'une revente simulée de l'animal à un tiers présent sur les lieux, il puisse, ainsi, s'assurer que si, pendant son absence, un vice rédhibitoire se manifestait, **ce tiers** serait là pour accomplir les **formalités.**

L'acheteur aura la faculté de recourir à ce moyen de sauvegarder ses intérêts, d'après le principe, fréquemment appliqué par la jurisprudence : que les actes conservatoires et les poursuites émanés du prête nom, profitent au véritable ayant droit, lorsqu'ils ont eu lieu sans fraude. (Cass., 7 avril 1813, S. C. N. 4, 1, 327. — Cass., 15 juin 1813, S. C. N. 4, 1, 370. — Bordeaux, 27 avril 1831, S. 1831, 2,194. — Cass., 28 juillet 1869, S. 1869, 1, 427.)

206. Cette faculté **pour l'acheteur est** si étendue, que le prête nom **peut même** intenter l'action en son nom, saisir le **tribunal du** litige et, néanmoins, l'acheteur pourra, en **tout état de cause,** et même à l'audience, demander **à y paraître en** nom dans l'instance et à y être substitué à son prête-nom.

En un tel cas, il n'est pas nécessaire de former une intervention par requête; (Toulouse, 22 février 1828, S. C. N. 9, 2, 38. — Bordeaux, 21 novembre 1828, S. C. N. 9, 2, 156.)

207. Le véritable propriétaire peut même être substitué au prête nom, en cause d'appel et continuer l'instance en son nom; (Cass., 2 janvier 1828, S. C. N. 9, 13.)

Il a été fait l'application de cette jurisprudence conforme à une doctrine unanime, dans l'espèce suivante :

Le sieur Marière avait vendu une jument au sieur Mayer Nathan.

Pendant le délai de garantie, celui-ci fit une vente simulée de cette **jument au sieur Maire Mangin**.

Ce dernier, avant que le **délai de garantie** fut expiré, provoqua la nomination des **experts.**

Devant la Cour de Caen, le sieur Marière opposa que les **formalités** remplies par le sieur Maire Mangin étaient nulles parce qu'il n'était qu'un prête nom, et, qu'en conséquence, la demande formée par le sieur Mayer Nathan n'était pas recevable.

Cette **exception** fut repoussée par les motifs suivants : LA COUR, « Considérant que la loi ne « défend pas et que la jurisprudence permet d'agir « par l'intermédiaire d'un prête nom et de confé- « rer, sous la forme d'une vente simulée, un « mandat sui generis, en vertu duquel, celui « qui en est investi peut faire, en son nom, les « actes conservatoires que les circonstances ren- « dent nécessaires ; que ces actes profitent au vé- « ritable propriétaire, en tant qu'ils n'ont pas « pour objet et pour conséquence de faire fraude « à la loi ou de porter préjudice à des tiers. Que, « sans doute, si la simulation produit de tels « effets, ils ne sauraient être admis ; mais que « tous les actes émanés du prête nom ou proprié- « taire apparent qui auraient pu être faits par le « propriétaire réel doivent recevoir leur exécu- « tien...; que les mesures conservatoires prises

« au nom de Maire Mangin, conformément à la loi
« du 20 mai 1838 et, dans les délais fixés par cette
« loi, comme elles l'auraient été par Mayer Nathan
« lui-même, doivent subsister. » Caen, 24 mars
1862, S. 1863, 2, 44.

ARTICLE 9.

La demande est portée devant les tribunaux
compétents, suivant les règles ordinaires du
droit.

Elle est dispensée de tout préliminaire de
conciliation et, aevant les tribunaux civils,
elle est instruite et jugée comme matière som-
maire.

COMMENTAIRE

208. Les règles ordinaires de la procédure doivent
être suivies pour intenter l'action.

209. La citation devant le juge de paix se conformera, pour les énonciations qu'elle doit comprendre, à l'article 1er du code de procédure
civile.

210. Les assignations devant le tribunal civil et
devant le tribunal de commerce comprendront les
énonciations prescrites par l'article 61 du même
code. (Form. n° 16).

Toutefois. dans les assignations devant le tribunal de commerce, il n'y aura pas de constitution d'avoué.

211. L'article 61 du code de procédure civile § 3 exige, à peine de nullité de l'assignation, que l'objet de la demande et l'exposé sommaire des moyens y soient énoncés.

Le sieur Férier avait assigné le sieur Libert en résolution de la vente d'un cheval que ce dernier lui avait vendu et que le sieur Férier prétendait atteint d'un vice rédhibitoire.

Dans l'assignation, le sieur Férier s'était borné à énoncer que le cheval était atteint d'un vice rédhibitoire, sans le spécifier et, sans dire par suite qu'il consistait dans l'immobilité.

Le sieur Libert opposa la nullité de l'assignation, soutenant que, pour se conformer à l'article 61 du code de procédure civile, il aurait fallu spécifier le vice rédhibitoire.

Cette exception de nullité de l'assignation fut admise et par suite l'action déclarée non recevable par un jugement rendu le 18 octobre 1844 par le tribunal de Falaise.

Sur pourvoi en cassation contre ce jugement, il a été rendu l'arrêt suivant: LA COUR . « Vu l'ar« ticle 61 du code de procédure civile et l'article 3 « de la loi du 20 mai 1838, attendu que l'exploit « introductif d'instance du 23 août 1844 avait été « signifié dans les délais prescrits par l'article 3 « précité de la loi du 20 mai 1838; attendu que

« cet exploit concluait à la résiliation de la vente
« du cheval en litige, en se fondant sur ce que
« ledit cheval était atteint de *vices rédhibitoires;*
« attendu qu'un acte ainsi formulé faisait con-
« naître, clairement, avec l'objet de la demande,
« le moyen particulier qui la motivait, à savoir :
« les dispositions spéciales de la loi concernant
« les vices rédhibitoires, d'où il suit que ledit acte
« satisfait aux prescriptions de l'article 61 du
« code de procédure civile qui porte que l'exploit
« introductif doit contenir l'objet de la demande
« et l'exposé sommaire des moyens. Attendu
« qu'en décidant le contraire, et par suite, en
« déclarant sur le motif de la prétendue nullité
« de l'exploit dont est question, l'action du deman-
« deur non recevable, le jugement attaqué a faus-
« sement appliqué l'article précité du code de
« procédure civile et expressément violé ledit
« article et l'article 3 de la loi du 20 mai 1838;
« Casse... » Cass., 11 novembre 1846, S. 1847,
1, 42.

Il y aura lieu d'appliquer, sous la loi du 2 août
1884, la doctrine consacrée par cet arrêt de la cour
de cassation.

La doctrine contraire aurait pour résultat de
priver, dans la plupart des cas, les acheteurs
d'animaux, de la garantie de droit que la loi spéciale du 2 août 1884 a eu pour but de leur pro-
curer.

Ils ne peuvent savoir, exactement, qu'après les

constatations des experts, la nature du vice rédhibitoire dont l'animal est atteint.

Les constatations des experts ne sont, d'ailleurs, souvent achevées et leur résultat connu, qu'après l'expiration du délai, pendant lequel l'assignation peut être valablement signifiée.

212. Le délai, entre la signification de la demande et le jour pour lequel le défendeur doit être cité devant le tribunal, est réglé, pour les citations en justice de paix, par l'article 5 du Code de procédure civile.

213. Pour les assignations devant le tribunal civil, ce délai est réglé par les articles 72, 73 et 1033 du Code de procédure civile et, pour les assignations devant le tribuual de commerce, par les articles **72, 73, 416, 417 et 1033** du même Code.

214. La demande, dit l'article 9, est *portée devant les tribunaux compétents*.

Aucune innovation ni dérogation n'est ainsi apportée aux règles du droit commun sur la compétence.

215. Ces règles sont les suivantes :

Le vendeur doit être cité devant **le tribunal de** son domicile; s'il n'a pas de domicile, devant le tribunal **de sa résidence** : (art. 2 **et 59, c. proc.** civile).

216. Dans les contestations du **ressort des justices de paix**, l'application de cette règle produira une conséquence qui doit être signalée.

Le lieu où se trouvera l'animal, lors de la manifestation du vice rédhibitoire, **n'étant pas situé** dans l'arrondissement du domicile du vendeur, le juge de paix qui statuera sur la contestation, ne sera pas celui qui aura nommé les experts.

Ce cas pourra surtout se présenter, lorsque le marché aura été conclu en foire.

Il arrive en effet, fréquemment, que le vice se manifeste pendant que l'acheteur conduit l'animal chez lui.

La longue distance à parcourir et la gravité du vice peuvent rendre nécessaire de le faire immédiatement constater.; on s'adressera alors, pour la nomination des experts, au juge de paix du lieu où l'animal se trouvera.

217. Plusieurs personnes ayant concouru au contrat en qualité de vendeurs, et, étant domiciliées dans des lieux ne ressortissant pas du même tribuncl, l'acheteur les citera tous, à son choix, devant le tribunal du domicile de l'un d'eux (art. 59 c. proc. civile).

218. Le prix de vente n'excédant pas 200 francs et le marché ayant été passé entre deux personnes qui ne sont pas commerçantes ou qui n'auront pas fait acte de commerce, l'instance doit être intentée devant le juge de paix.

L'acheteur non commerçant ou n'ayant pas fait acte de commerce pourrait, ainsi que nous l'expliquons n° 222, citer le vendeur commerçant devant le juge de paix.

Le juge de paix serait incompétent si, en sus du prix de vente, il était réclamé des dépenses occasionnées par l'animal et dont le montant ajouté au prix de vente, formerait un total excédant 200 fr.

Il en serait autrement pour les frais d'expertise et les honoraires des experts.

Quelle que soit leur importance, ils sont considérés comme des dépens et sont, par suite, sans influence sur le taux de la compétence, comme aussi sur la qualification du jugement en premier ou en dernier ressort.

219. Le prix de vente excédant 200 fr., et toujours, s'il s'agit d'un litige entre non commerçants ou entre personnes n'ayant pas fait acte de commerce, l'instance sera intentée devant les tribunaux civils de première instance.

220. Le litige existant entre commerçants ou entre personnes ayant fait acte de commerce, l'instance, même si le prix de vente est inférieur à 200 francs, sera intentée devant les tribunaux de commerce.

221. Il y aura lieu, dans ce cas, d'appliquer les dispositions de l'article 420 du Code de procédure civile qui autorise le demandeur à citer, à son choix, devant le tribunal de commerce du défendeur ; devant celui, dans l'arrondissement duquel, le marché a été passé et l'animal livré, ou devant celui, dans l'arrondissement duquel, le paiement doit être effectué.

222. Le vendeur étant seul commerçant, ou ayant seul fait acte de commerce, l'instance sera intentée, au choix de l'acheteur, devant le tribunal de commerce ou devant le tribunal civil.

Cette faculté qui est l'application du principe

que nul **ne peut** être distrait de ses juges natu-
rels, a été consacrée par une jurisprudence unanime et constitue une compétence particulière
dénommée compétence *mixte*.

Les motifs qui ont fait admettre cette compétence
se trouvent énoncés dans l'arrêt suivant :

La Cour : « *Attendu* qu'une jurisprudence certaine
« autant que juste, a établi que, quand un débat
« judiciaire vient à s'élever entre deux personnes
« dont l'une seulement est commerçante, ou à
« propos d'une opération qui n'était commer-
« ciale que pour l'une des parties, celle des par-
« ties qui n'était pas commerçante et n'avait pas
« fait acte de commerce, ne perd pas, même en
« se constituant demanderesse, le droit d'être
« jugée par les tribunaux civils et peut, à son
« choix, actionner le défendeur commerçant, soit
« devant le tribunal civil, soit devant le tribunal
« de commerce... » Cass., 26 juin 1867, S. 1867,
1,290. Conf. cass., 12 décembre 1836, S. 1837, 1,
412. — Bourges, 17 juillet 1837, S. 1838, 2, 20;
Bourges, 31 mars 1841, S. 1842, 2, 78. — Cass.,
6 novembre 1843, S. 1844, 1, 168. — Paris, 30 décembre 1853, S. 1854, 2, 120. — Cass., 22 février
1859, S. 1859, 1, 321.

223. Cette même faculté existe en matière d'é-
change.

224. Les juges de paix ne peuvent, sauf quelques cas exceptionnels, connaître que des litiges
dont l'importance n'excède pas 200 fr.

Il est, par suite, indispensable **que, devant** cette juridiction, la valeur de l'objet **de la contestation** soit déterminée.

Dans les contrats d'échange, **la valeur des animaux** est indéterminée.

Il en résulte que l'instance **en résolution d'un** contrat d'échange ne devra pas **être intentée** devant le juge de paix lorsque les parties **ne seront pas** d'accord pour reconnaître que **le prix de chaque** animal échangé n'excède pas 200 **fr.**

Les tribunaux civils de première **instance seront** seuls compétents pour en connaître.

225. Nous disons les tribunaux **civils de** première instance, parce que raisonnant dans l'hypothèse d'un litige du droit civil, il **ne saurait être** question des tribunaux de commerce.

226. Le vendeur français qui est sans domicile **ni** résidence connus, doit être cité devant le tribunal, dans l'arrondissement duquel se trouve le domicile du demandeur.

227. S'il est parti pour l'étranger, sans avoir conservé de domicile en France, la même règle de compétence sera suivie.

228. Il y aura lieu encore, de suivre cette règle de compétence, pour le vendeur étranger sans domicile ni résidence connus en France.

229. L'acheteur ayant intenté son action rédhibitoire devant un tribunal incompétent, a-t-il la **faculté** de l'intenter, à nouveau, devant le tribu-

nal compétent, bien que les délais fixés par les articles 5 et 6 soient expirés?

L'article 2246 du Code civil est ainsi conçu : « la citation en justice donnée devant un juge in- « compétent, interrompt la prescription ».

Les déchéances des droits prononcées par la loi, faute d'avoir été exercés dans un délai déterminé, sont de véritables prescriptions.

Il en résulte que les dispositions de l'article 2246 sont applicables à l'action rédhibitoire.

Par sa première demande intentée dans les délais de la loi, l'acheteur s'est mis en règle; la déchéance est interrompue, et dès lors la seconde demande quoique intentée après l'expiration des délais de la loi, est recevable.

(Mayer Nathan C. Marrière). LA COUR : « Consi- « dérant qu'il est vrai que la nouvelle assignation « donnée par Mayer Nathan à Marrière le 3 mai « 1860, par suite du jugement du tribunal de « Nancy qui avait admis l'exception d'incompé- « tence, n'aurait plus été dans les délais fixés par « les articles 3 et 4 de la loi de 1838, mais que, « d'après l'article 2246 C. Nap., la citation en « justice, donnée même devant un juge incompé- « tent, interrompt la prescription et que cet « article général s'applique aux prescriptions spé- « ciales et de courte durée, comme aux prescrip- « tions ordinaires, c'est-à-dire à tous les cas où « *la loi a restreint le droit d'agir* dans un délai

« déterminé, sauf les exceptions qu'elle a pu
« créer par une disposition particulière; que cette
« interruption de prescription résultant de l'assi-
« gnation commise le 9 février 1859, devant le
« tribunal de Nancy, a permis d'en donner utile-
« ment une nouvelle le 3 mai 1860, devant le
« tribunal d'Argentan, et qu'ainsi il y a lieu de
« rejeter les exceptions présentées par l'intimé.
« Par ces motifs, etc. » Caen, 24 mars 1862, S.
1863, 2, 44. Conf. Caen, 1er février 1842, S.
1842, 2, 227. — Rouen, 27 mars 1858, S. 1859, 2,
337.

230. L'article 2247 du Code civil est ainsi
conçu : « Si l'assignation est nulle par défaut de
« forme, si le demandeur se désiste de sa demande,
« s'il laisse périmer l'instance ou si la demande est
« rejetée, l'interruption est regardée comme non
« avenue. »

Il résulte de ces dispositions que, dans les cas qui
y sont énoncés, la prescription n'étant pas interrompue, une seconde demande intentée après l'expiration des délais fixés par les articles 5 et 6, ne serait pas recevable.

231. L'article 48 du Code de procédure civile
prescrit « qu'aucune demande principale intro-
« ductive d'instance entre parties capables de
« transiger, et sur des objets qui peuvent être la
« matière d'une transaction, ne sera reçue dans
« les tribunaux de première instance, que le défen-

» deur n'ait été préalablement appelé en concilia-
« tion devant le juge de paix, ou que les parties
« n'y aient volontairement comparu. »

L'article 49 du même code énumère les cas dans lesquels on est seulement dispensé d'accomplir la formalité prescrite par l'article 48 et qui est dénommée *préliminaire de conciliation.*

L'action rédhibitoire, à raison des vices dont les animaux sont atteints. n'est pas nommément comprise dans l'énumération des cas énoncés par l'article 49.

Elle y était, cependant, implicitement comprise dans le numéro 3 de l'article 49 dispensant du préliminaire de conciliation « les demandes qui requiè-
« rent célérité. »

Pour faire disparaître toute hésitation à ce sujet, l'article 9 déclare expressément que la demande est dispensée de tout préliminaire de conciliation

Cette même dispense du préliminaire de concilia-tion existera pour les demandes en réduction de prix et en résolution des échanges.

La loi du 2 août 1884 donne ouverture à ces actions aussi bien qu'à l'action rédhibitoire.

Elles se trouvent ainsi comprises dans les mots : *la demande* par lesquels l'article 9 commence.

Les mêmes motifs d'urgence justifient d'ailleurs cette dispense pour les actions en réduction de prix et en résolution des échanges.

L'action récursoire en garantie sera également dispensée du préliminaire de conciliation.

Elle ne constitue, en réalité, que l'action rédhibitoire exercée par le premier acheteur contre son vendeur.

Un autre motif tiré de ce que l'action récursoire n'est pas une demande principale, suffirait, d'ailleurs, pour justifier cette dispense.

L'action rédhibitoire exercée, soit à raison de vices conventionnels, soit à raison des principes du droit commun, doit, selon nous, être aussi dispensée du préliminaire de conciliation.

Elle requiert incontestablement célérité et dès lors le n° 3 de l'article 49 du Code de procédure civile lui est applicable.

Il en est de même pour les actions en réduction de prix et en résolution d'échange qui seraient fondées sur les mêmes motifs.

L'article 48 du Code de procédure civile ne s'occupe du préliminaire de conciliation que pour les demandes intentées devant les tribunaux de 1re instance.

Cette formalité est aussi prescrite pour les demandes intentées devant les justices de paix, par l'article 17 de la loi du 25 mai 1838, modifiée par la loi du 2 mai 1855.

Il n'y aura pas lieu non plus d'observer les prescriptions de cet article, dès l'instant que par l'article 9, la demande est en principe dispensée de tout préliminaire de conciliation.

Nous ne nous occupons pas des tribunaux de commerce parce que, devant cette juridiction, il n'y a pas de préliminaire de conciliation.

232. Devant les tribunaux **civils** de **première**

instance, toutes les demandes ne sont pas instruites, en accomplissant les mêmes formalités de procédure.

Les demandes sont divisées en deux classes : les affaires sommaires et les affaires ordinaires

Les premières sont celles dont l'intérêt ne dépasse pas 1,500 fr.

Les secondes sont, au contraire, celles dont l'intérêt est supérieur à cette somme.

Pour les affaires sommaires, à raison de leur peu d'importance, les formalités sont moins coûteuses et la procédure plus rapide.

L'intérêt des parties à avoir une prompte solution dans les instances auxquelles les demandes qui nous occupent, donnent lieu, a fait admettre, pour tous les litiges et quelle qu'en soit l'importance, la procédure suivie pour les affaires sommaires.

233. Le jugement prononçant la résolution d'un marché ou admettant une réduction de prix, doit dans ses motifs, énoncer la nature du vice rédhibitoire sur lequel il fonde sa décision; (form. n° 17.)

Le 4 mars 1844, le sieur Aubert acheta une vache du sieur Foutrel ;

Aubert prétendit que cette vache était atteinte du vice rédhibitoire *le renversement de l'utérus ;* il assigna le sieur Foutrel devant le tribunal de commerce de Pont-Audemer, en résolution du marché.

21 Mars 1844, jugement qui admet la demande

en fondant sa décision sur ce motif : « que la « vache vendue par Foutrel à Aubert était impropre « à l'usage auquel celui-ci la destinait. » **Pourvoi** en cassation par le sieur Foutrel.

Sur ce pourvoi, il a été rendu l'arrêt suivant :

LA COUR : « Vu la loi du 20 mai 1838 ; attendu « que cette loi spécifie et limite les cas qui doivent « être réputés vices rédhibitoires ; que l'article 1 « déclare que ces cas donneront seuls ouverture « à l'action résultant de l'article 1641 C. civ. dans « les ventes et échanges de certains animaux « domestiques ; qu'il suit de là, que l'action rédhi- « bitoire ne peut être intentée hors de ces cas « formellement spécifiés par la loi de 1838 ; atten- « du que le demandeur avait introduit son action « pour un des cas prévus par ladite loi, et « avait observé les délais et rempli les formalltés « qu'elle prescrit ; attendu que le jugement atta- « qué, sans déclarer l'existence du vice rédhibi- « toire allégué, et, sans spécifier les manœuvres « qui, hors des cas prévus par la loi du 20 mai « 1838 et aux termes de l'article 1116 C. civ., « auraient pu vicier le contrat, a néanmoins rési- « lié la vente et ordonné la restitution du prix ; « qu'en statuant ainsi, le jugement attaqué a « faussement appliqué l'article 1641 C. civ. et « violé l'article 1 de la loi du 20 mai 1838, « casse, etc. » Cass., 7 avril 1846, S. 1846, 1, 298.

L'espèce bovine était comprise dans la loi du 20 mai 1838 qui avait énuméré les vices entraînant, pour cette espèce, la résolution du marché.

Le renversement de l'utérus était au nombre de ces vices.

Le sieur Aubert avait prétendu que la vache qu'il avait achetée etait atteinte et que pour ce motif son marché devait être résolu.

Cette résolution ne pouvait être juridiquement prononcée par le jugement qu'à la condition qu'il reconnut l'existence de ce vice ou de tout autre, également compris dans l'énumération de la loi

Il ne suffisait pas que le jugement énonçât. comme il l'avait fait, que « la vache était impropre « à l'usage auquel l'acheteur l'avait destinée. »

ARTICLE 10

Si l'animal vient à périr, le vendeur ne sera pas tenu de la garantie à moins que l'ache-teur n'ait intenté une action régulière dans le délai légal, et ne prouve que la perte de l'animal provient de l'une des maladies spéci-fiées dans l'article 2 avec modification que la loi du 31 juillet 1895 lui a fait subir.

COMMENTAIRE

234. On a vu que l'action rédhibitoire a pour résultat de replacer les contractants au même état qu'il étaient avant le contrat.

Ce résultat se produit pour la vente, par la restitution du prix contre la remise de l'animal et, pour l'échange, par la remise réciproque de chacun des animaux échangés.

La mort de l'animal, hypothèse envisagée par l'article 10, affranchit l'acheteur dont l'action rédhibitoire aura été admise, de l'obligation de le restituer.

Il ne sera plus tenu que de remettre le cuir, les produits de l'équarrissage et tout ce qui en restera.

L'échangiste, dans ce même cas, ne sera plus, lui aussi, soumis qu'à ces mêmes restitutions.

Nous devons, à propos de l'exécution du jugement qui aura résolu un contrat d'échange sans soulte stipulée, prévoir le cas où l'échangiste, contre lequel la résolution du contrat aura été prononcée, aurait disposé de l'animal et se trouverait ainsi empêché de le remettre.

Il ne peut alors qu'en restituer la valeur, laquelle est déterminée au moyen de l'estimation de l'animal qu'il a livré, en le supposant exempt du vice rédhibitoire dont il était atteint.

Dans les contrats de vente et d'échange, la propriété de l'animal est transmise par le fait seul de la convention.

Cette transmission du droit de propriété s'opère même alors que l'animal n'a pas été livré ni le prix payé.

Telles sont les dispositions formelles des articles 1583 et 1703 du Code civil.

235. Ce principe reçoit son application, **même** dans les marchés faits sous condition, et **entr'autres** dans les ventes à l'essai.

La condition accomplie, **son effet rétroactif au** jour de la convention, rend l'acheteur propriétaire de l'animal à partir de ce jour : (art. 1179, Code civil.)

236. Il en sera de même dans les marchés **où** l'on convient que l'animal **ne** sera livré **qu'à une** époque ultérieure.

Dans ce cas, comme **dans les précédents**, l'acheteur n'en est pas moins **devenu** le propriétaire de l'animal, à partir du jour **de la convention.**

Il ne peut seulement **exiger** la livraison de l'animal, qu'au jour **qui a été convenu pour** cette livraison.

237. **Nous devions rappeler ces principes pour** déterminer la responsabilité **du vendeur de l'ani-** mal pendant le temps qui s'écoule entre le contrat et la livraison de l'animal.

Dans la plupart des **achats d'animaux domes-** tiques, l'acheteur n'en prend pas livraison aussi- tôt après la conclusion du marché.

On convient, généralement, d'un jour ultérieur pour la livraison et, jusqu'à ce que le jour fixé soit arrivé, l'animal acheté reste confié à la garde du vendeur.

Pendant qu'il est ainsi chargé de cette garde, le vendeur doit, à ses frais, nourrir et soigner l'animal et il doit, en outre, veiller à sa conservation, comme une personne prudente veille à sa propre chose.

238. Ces obligations ne sont pas les seules qui soient imposées au vendeur.

Il est aussi tenu (art. 1614, C. civ.) de délivrer l'animal en l'état où il était au jour du marché.

239. Dans l'intervalle de temps qui s'écoule, entre le jour du marché et celui de la livraison, l'animal est exposé à bien des risques.

Il peut devenir malade, estropié ou, pour toute autre cause, subir une dépréciation.

Le vendeur se trouve alors dans l'impossibilité de délivrer l'animal en l'état où il était au jour du marché.

Dans ces circonstances, l'acheteur sera-t-il fondé à se refuser à prendre livraison de l'animal et à exécuter le marché ?

Ce droit lui est reconnu, à moins que le vendeur ne parvienne à prouver que la dépréciation de l'animal, ne provient ni de son fait ni de celui de son préposé.

Il a été fait l'application de ces principes dans l'espèce suivante :

Le sieur Deruix avait acheté un cheval du sieur Dcharambure.

Au jour de la vente, ce cheval était en parfait état et, au jour convenu pour la livraison, il était atteint de boiterie.

Le sieur Deruix refusa pour ce motif, d'en prendre livraison.

Sur ce refus, assignation, **par le sieur Deharam-**
bure, en exécution du marché.

Jugement : « Attendu qu'il n'est pas contesté
« par Deharambure, qu'au moment de la vente
« qu'il a consentie à Deruix, d'un cheval sous poil
« blanc pommelé, cet animal était en parfait état,
« que, notamment, il ne boitait pas; attendu que
« Deharambure reconnait également **que, quelle**
« que soit la cause qui ait produit cet accident,
« lorsque le cheval a été conduit chez **Deruix**
« pour lui être livré, qu'il boitait à son arrivée et
« n'était plus par conséquent, dans le même état
« qu'à l'époque de la vente; attendu qu'aux
« termes de l'article 1614 du Code civil, la chose
« doit être délivrée en l'état où elle se trouve au
« jour de la vente; qu'il suit de là, que l'acheteur
« est fondé à se refuser à prendre livraison de la
« chose vendue, lorsque la chose a subi une dépré-
« ciation, par un fait survenu entre la vente et la
« livraison et auquel il est resté étranger; attendu
« que dans ces circonstances la demande n'est
« pas fondée. » Trib. civil de Pontoise; 10 mars
1868.

Sur appel de ce jugement par le sieur Deharambure, il a été rendu l'arrêt suivant : La Cour :
« Considérant que de la règle posée par l'art. 1614
« du Code civil, résulte l'obligation, pour le ven-
« deur, de donner à la chose vendue tous les
« soins propres à assurer sa conversation et, par
« suite, la responsabilité de toute détérioration

« survenue **entre le** jour de la vente et celui de la
« livraison, s'il ne prouve que cette détérioration
« n'est pas **survenue** par son fait ou celui de son
« préposé; que, dans l'espèce, l'appelant ne fait
« pas cette preuve; confirme etc... » Paris, 16 no-
« vemb e 16 novembre 1868; *Gazette des Tribunaux*,
n° du 25 novembre 1868.

Le vendeur aurait été, ainsi que l'arrêt le déclare,
affranchi de toute responsabilité, s'il avait prouvé que
la boiterie ne provenait **ni** de son fait, ni de celui
de son préposé.

L'accident serait alors le résultat d'un cas fortuit,
dont les conséquences devraient être supportées par
l'acheteur qui, étant depuis le contrat, le propriétaire de l'animal, devrait à ce titre en subir tous les
risques, comme il aurait profité de la parturition si
elle avait eu lieu.

240. Toutefois, si le vendeur avait été mis par
l'acheteur, en demeure de livrer l'animal, la preuve
du cas fortuit n'aurait pas pour conséquence de
dégager la responsabilité du vendeur.

A partir du jour de la mise en demeure qui a
lieu par une sommation signifiée par huissier;
(form. n° 23), l'animal est aux risques du vendeur.

Le même résultat se produirait sans la sommation, s'il avait été convenu que le vendeur serait
en demeure par la seule arrivée du jour fixé pour
la livraison, sans qu'il fut besoin d'aucun acte;
(art. 1138, 1139 C. civil).

241. Par les mêmes raisons de droit, le vendeur qui, **sur le refus de** l'acheteur de prendre livraison, **l'aura mis en demeure** de le faire, (form. n° 24), sera affranchi de la responsabilité de tous risques.

Pour que, malgré la mise en demeure, le vendeur **put encourir** une responsabilité, il faudrait qu'il fut établi que la dépréciation proviendrait de son fait per:onnel ou de celui de son préposé.

Le vendeur, dans ce cas, agira prudemment, en **ayant recours à la mesure de la** mise en fourrière de l'animal : (form. n° 26), après que son état de santé et d'entretien aura été régulièremet constaté par **un expert.**

Nous avons supposé dans notre formule n° **26,** une contestation du droit civil, autorisant de recourir à une ordonnance de référé pour la mise en fourrière.

S'il s'agissait **au contraire,** d'une contestation d'un caractère commercial, la mise en fourrière devrait être autorisée par **un** jugement rendu **par le tribunal de** commerce appelé à connaître **du fond de** la contestation.

242. Nous n'avons envisagé jusqu'ici, **que la dé-** préciation survenue à l'animal.

L'article 10 prévoit sa mort et énumère les conditions qui devront être réunies pour que le vendeur en soit garant et qu'ainsi l'animal périsse pour lui.

La conclusion du marché a, nous l'avons dit,

pour résultat, de rendre l'acheteur propriétaire de l'animal.

C'est à lui, en cette qualité, à supporter les conséquences de sa mort, d'après le principe de droit: que la chose périt pour son propriétaire.

La première dispostition de l'article 10 affirme ce principe, en déclarant que le vendeur ne supportera la perte de l'animal, que lorsque les deux conditions qu'il indique se trouveront réunies.

243. Ces deux conditions sont les suivantes:

1º L'action rédhibitoire intentée régulièrement par l'acheteur;

2º La preuve, par lui faite, que la mort provient de l'une des maladies énumérées dans l'article 2 modifié par la loi du 31 juillet 1895.

La première condition se fonde sur ce que le vendeur n'est garant des vices rédhibitoires que s'ils se sont manifestés dans le délai de garantie et si, dans les délais fixés par les articles 5 et 6, l'acheteur a rempli les formalités de mise en règle.

La seconde condition: sur ce que la garantie du vendeur étant restreinte aux vices énumérés dans la loi, il ne saurait être garant de la mort de l'animal, que si elle provient de l'un de ces vices.

Toute autre cause de mort ne saurait réfléchir sur le vendeur qui hors, de l'exception établie par l'article 10, reste protégé par le principe : que la chose périt pour son propriétaire.

Il a été fait l'application de ces principes par la décision suivante : Le Tribunal : « Vu le procès-« verbal de l'expert ; vu les articles 1, 3 et 7 de la « loi du 20 mai 1838 sur les vices rédhibitoires ; « vu aussi l'article 1138 du Code civil ; attendu « que le cheval vendu le 28 octobre dernier au « sieur Andrieux a péri pendant la durée des « délais fixés par l'article 3 de la loi du 20 mai « 1838 et que dès lors, aux termes de l'article 7 de « la même loi, le vendeur ne doit pas être tenu de « la garantie, à moins que l'acheteur ne prouve « que la perte de l'animal, provient de l'une des « maladies dénommées en l'article 1er ; attendu « qu'il résulte du rapport de l'expert chargé « d'examiner le cheval qui est mort depuis l'exa-« men qui en a été fait, que ledit cheval était « atteint de la pousse et qu'il était dans un état « de suspicion de morve ; mais attendu que rien « dans le rapport dudit expert ne constate que ces « vices rédhibitoires aient pu occasionner la perte « du cheval ; attendu que si le cheval est mort, « c'est à cause du peu de soin que l'acheteur en « a pris ; attendu, en effet, que dans la nuit qui a « suivi la foire de Saint-Simon-d'Albert, où la « vente du cheval a eu lieu moyennant 120 fr. « qui ont été comptés sur le champ, ce cheval, « qui était alors la propriété du sieur Andrieux « et se trouvait sous sa garde, est allé se jeter « dans la rivière de Ville-sous-Corbie, d'où il n'a « été retiré que le lendemain ; que c'est vraisem-

« blablement dans cette rivière, **où il est resté**
« longtemps, et par un froid très vif, que l'ani-
« mal a trouvé la mort ; attendu que si l'acheteur
« prouve que l'animal était affecté d'un ou plu-
« sieurs vices rédhibitoires, il n'établit pas qu'*ils*
« *ont été la cause de sa perte;* que les explications
« que donne le sieur Andrieux font penser au
« contraire, que la mort du cheval provient de
« son fait ; attendu en définitive, qu'il résulte du
« deuxième paragraphe de l'article 1138 **du Code**
« civil, que la chose est *aux risques de l'acheteur*
« *dès l'instant où elle a été livrée* et *a fortiori,*
« lorsque la délivrance a été effectuée ; par ces
« motifs, Nous, juge de paix du canton de Corbie,
« statuant en premier ressort, déclarons non rece-
« vable et mal fondée, l'action intentée par An-
« drieux contre Froment. En conséquence, débou-
« tons ledit demandeur de ses conclusions et le
« condamnons aux dépens. » Justice de paix **de**
Corbie, **7** novembre 1856. Conf. justice de paix
de Vouziers ; 20 juillet 1854, *Annales des justices de*
paix, V. 1855, p. 351.

244. L'article 10 ne maintient pas la disposition
de l'article 7 de la loi du 20 mai 1838 qui exigeait,
pour que le vendeur fut garant de la mort de
l'animal, qu'elle fut survenue dans le délai de garantie.

Cette innovation apportée par la loi du 2 août
1884 est importante.

Il en résulte que, quelle que soit l'époque de la

mort de l'animal, le vendeur en sera garant, si les conditions auxquelles l'article 10 subordonne cette garantie, se trouvent réunies.

Le motif de cette disposition nouvelle que nous approuvons, est : que l'époque de la mort de l'animal doit être indifférente, le vendeur n'en étant pas garant parce qu'elle sera survenue dans tel ou tel délai, mais uniquement parce qu'il doit la garantie des vices rédhibitoires.

245. L'acheteur a régulièrement exercé l'action rédhibitoire.

Pendant le cours du procès, l'animal vient à périr par une cause étrangère aux vices rédhibitoires.

Le principe de droit : que la chose périt pour son propriétaire, aura pour résultat de faire supporter la perte de l'animal, soit par l'acheteur s'il perd son procès, soit par le vendeur si, au contraire, l'action rédhibitoire intentée, est admise.

Dans le premier cas, en effet, l'acheteur aura été le propriétaire de l'animal au moment de sa mort et, dans le second cas, ce sera le vendeur qui, par la résolution de la vente, n'aura pas cessé d'être propriétaire de l'animal.

Cette règle recevra son application, qu'elle que soit l'époque de la mort de l'animal ; qu'elle soit survenue dans le délai de garantie ou après l'expiration de ce délai

ARTICLE 11

*Le vendeur sera dispensé de la garantie résultant de la morve ou du farcin pour le cheval, l'âne et le mulet, de la clavelée pour l'espèce ovine, s'il prouve que l'animal, depuis la livraison, a été mis en contact **avec des animaux** atteints de ces maladies (1).*

COMMENTAIRE

246. La morve, le farcin et la clavelée sont des maladies contagieuses se propageant avec la plus grande rapidité.

Il suffit d'un animal atteint de l'une de ces maladies, pour que tous les autres animaux avec lesquels il est en contact, en soient immédiatement infectés.

Lorsque l'acheteur exerce l'action rédhibitoire à raison de l'un de ces trois vices, le vendeur sera affranchi de l'obligation de garantie, s il parvient à prouver que depuis la livraison de l'animal, il a été mis en contact avec des animaux qui en étaient atteints.

La présomption de l'existence du vice au moment de la vente parce qu'il s'est manifesté dans le délai de garantie, cède alors, devant cette autre présomption, que le vice dont l'animal vendu est atteint, provient du contact.

---

(1) Cet article et son commentaire n'ont plus d'objet depuis la loi du 31 juillet 1895 qui a supprimé des cas rédhibitoires la morve, le farcin et la clavelée.

Cette dernière présomption admise par l'article 11, devait avoir pour conséquence, d'affranchir, dans ce cas, le vendeur, **de la garantie de ces** trois vices rédhibitoires.

247. Cette dispense de garantie **constitue une** exception à la garantie de droit, **sur laquelle est** fondée toute la loi du 2 août 1884.

Le vendeur qui l'oppose, devient demandeur à l'exception et il devait comme l'article 11 le déclare, être soumis à l'obligation imposée à tout demandeur en justice, de fournir **la preuve de ses** prétentions.

ARTICLE 12

Sont abrogés tous règlements imposant une garantie exceptionnelle aux vendeurs d'animaux destinés à la boucherie.

Sont également abrogées la loi du 20 mai 1838 et toutes les dispositions contraires à la présente loi.

COMMENTAIRE

248. L'espèce bovine était comprise dans la loi du 20 mai 1838.

Il n'y était pas déclaré qu'elle ne s'appliquait pas aux achats des animaux de cette espèce, faits en vue de l'alimentation.

On se prévalut de ce silence, pour soutenir que **la** loi de 1838 était applicable à ces transactions.

Cette opinion ne tenait aucun compte des déclarations faites par le rapporteur de la Commission, lors de la discussion de la loi de 1838 à la séance de la Chambre des députés du 24 avril 1838.

« Nous laissons de côté, avait-il dit, les questions
« d'interprétation de convention, par exemple,
« celle de savoir ce qu'il faudra décider quand
« l'animal a été vendu comme sain et net, quand
« il l'aura été pour la boucherie et non pour le
« travail... la solution de ces questions qui ont
« été agitées, se trouve dans le simple bon sens,
« dans les *principes généraux de notre droit* et dans
« la loi romaine que nons avons surtout citée;
« elles sont comme tant d'autres analogues qu'on
« pourrait soulever, du domaine des *conventions*
« *ou d'une législation générale et non celui d'une loi*
« *spéciale.* » D, R., V° Vices rédhibitoires, 57.

Le rapporteur renvoyait aux principes généraux du droit pour les transactions ayant pour objet les animaux achetés pour l'alimentation.

La nature des vices énumérés dans la loi de 1838, indiquait d'ailleurs qu'elle n'avait eu en vue que les animaux vendus ou échangés pour le travail et l'usage de l'homme,

La jurisprudence n'hésita pas à le reconnaître, dans une espèce où il s'agissait d'un bœuf acheté sur le marché de Poissy pour la consommation, et qui était mort trois jours après la vente, d'une maladie qui existait au moment du contrat.

La Cour : « Considérant que dans les circons-
« tances de la cause, les lois et règlements sur les
« vices rédhibitoires des animaux domestiques
« sont sans application ; qu'il s'agit en effet d'un
« animal *destiné à la boucherie*, *c'est-à-dire d'une*
« *viande sur pied* reconnue dans l'espèce, impropre
« à sa destination et qui a péri par suite de sa
« mauvaise qualité, cas auquel *s'applique la ga-*
« *rantie dont tout vendeur est tenu, aux termes des*
« *articles 1641 et 1647 du Code civil.* Par ces
« motifs : confirme le jugement du tribunal de
« commerce de Versailles dont est appel, etc. »
Paris, 26 mars 1867, D. P. 1867, 2. 172. Conf. Paris,
18 mai 1839, S. 1839, 2, 357. — Cass., 19 janvier
1811, S. 1841, 1, 242.

La loi du 2 août 1884 n'a pas non plus déclaré
qu'elle ne s'appliquait pas aux achats des animaux
faits en vue de l'alimentation.

Cette loi qui vient remplacer celle de 1838, qui
s'appuie sur les mêmes motifs et qui poursuit le
même but, ne saurait, pas plus que sa devancière,
s'appliquer à ces transactions.

Elles continueront, comme sous la loi de 1838, a
été régies par le droit commun.

Il était, toutefois, sous la loi de 1838, fait une
exception à cette règle en faveur des marchands
bouchers de Paris faisant des achats pour l'alimentation de la capitale, sur les marchés de Sceaux
et de Poissy, aujourd'hui remplacés par celui de la
Villette.

Cette exception avait été établie par des **arrêts du** Parlement de Paris rendus les 4 septembre 1673 et 13 juillet 1699, et elle avait été **maintenue par une** ordonnance royale du 1er juin 1782.

Elle consistait dans la garantie **des marchands** envers les bouchers de la capitale, de la **mort des** bœufs arrivée dans les neuf jours de la vente, **de** quelque pays que vinssent ces animaux et **quelle** que fût la maladie qui eût occasionné leur mort, à moins que le vendeur ne fasse la preuve qu'elle était **due à la** faute des bouchers ou de leurs préposés.

Un jugement rendu par le tribunal **de cassation** le 18 décembre 1792 avait appliqué cette exception et, elle avait été confirmée par **ordonnance royale** du 25 mars 1830.

Cette garantie exceptionnelle fut appelée *garantie nonnaire* à raison de sa durée qui était de **neuf** jours.

Les bouchers de Paris avait continué, sous la loi de 1838, à être protégés par cette garantie exceptionnelle, tandis que les **bouchers** de province ne **pouvaient invoquer que les garanties du droit** commun.

249. L'article 12 abroge les règlements qui avaient établi cette garantie exceptionnelle **en faveur des** bouchers de Paris.

Cette abrogation **a pour résultat de les placer,** comme les bouchers de province, sous le régime du droit commun. Au Sénat, le rapporteur de la Commission s'est ainsi exprimé à la séance du 25 juillet 1881 :

« *Des arrêts* de règlement du Parlement de
« Paris des 4 septembre 1673 et 13 juillet 1699
« confirmées par lettres patentes des 1er février
« 1743 et 17 juin 1782, et par une ordonnance de
« police du 25 mars 1830, ont établi, au profit des
« acquéreurs des bœufs destinés à la boucherie
« de Paris, *un privilège* qui avait pour but de fa-
« voriser l'approvisionnement de Paris de viandes
« salubres. En vertu de ces dispositions, la mort
« des bœufs survenue dans les neuf jours de la
« vente, quelle que soit la cause de cette mort, est
« à la charge du vendeur, à moins que celui-ci ne
« fasse la preuve qu'elle est due à la faute des bou-
« chers ou de leurs préposés.

« *Ce privilège* n'a plus aucune raison d'être; au-
« jourd'hui, l'approvisionnement de Paris se fait
« par chemin de fer; les bœufs arrivent sur le
« marché rapidement et sans fatigue. Déjà en
« 1851, l'Assemblée législative avait été saisie d'un
« projet d'abrogation de la garantie de neuf jours;
« un rapport favorable avait été voté à l'unanimité
« par la Commission, l'Assemblée législative n'eût
« pas le temps de statuer avant sa séparation. Il
« n'y a plus aucun motif de conserver *cette législa-
« tion exceptionnelle.* »

A la Chambre des députés, le rapporteur de la
Commission confirma ces déclarations à la séance
du 5 juillet 1883.

« *Notons* enfin, a-t-il dit, une disposition nouvelle
« du projet qui abroge les arrêts de règlement,
« leitres patentes et ordonnances de police qui
« accordent aux bouchers de Paris *un privilège*
« contraire non seulement à la loi sur les vices
« rédhibitoires, mais *au droit commun*. (Arrêts de
« règlement du Parlement de Paris des 4 sep-
« tembre 1673 et 16 juillet 1699 confirmés par
« lettres patentes des 1er février 1743 et 17 juin
« 1782 et par une ordonnance de police du 20 mars
« 1830.)

« Aux termes de ces documents, le vendeur est
« responsable de la mort arrivée dans les neuf
« jours, de tout animal vendu sur les marchés de
« Sceaux ou de Poissy, quelque soit la cause
« de cette mort. *Ces dispositions exceptionnelles*
« avaient pour but d'assurer l'approvisionnement
« de Paris en viandes salubres, à une époque où les
« bestiaux pour lesquels les moyens de trans-
« port manquaient, arrivaient malales et exté-
« nués sur le marché et périssaient rapidement.
« Aujourd'hui, grâce aux chemins de fer, ces
« raisons n'existent plus ; les bouchers de Paris
« insistent néanmoins, tout en offrant de réduire
« le délai à trois jours, pour que le *même privi-*
« *lège* leur soit maintenu. Ils articulent que le
« trajet en chemin de fer, où les bestiaux sont en-
« tassés dans un but d'économie, est aussi nui-
« sible que l'ancien mode d'arrivage ; que si les
« vendeurs sont exonérés de la *garantie exception-*

« *nelle qui leur incombe aujourd'hui*, on verra arri-
« ver à Paris tous les bestiaux malades de France.
« Ils protestent que c'est moins leur intérêt per-
« sonnel qui les anime que la préoccupation de
« l'intérêt de la salubrité et de la santé de Paris.
« Votre Commission n'a pas été arrêtée par ces
« considérations. L'intérêt des bouchers de Paris
« est très respectable assurément, *mais on ne voit*
« *pas pourquoi il ne serait pas protégé aussi bien*
« *que celui des autres bouchers, par le droit com-*
« *mun qui suffit à ces derniers,* et quant à l'intérêt
« de la santé publique, **il est évident qu'aucun**
« **marché de France n'a à sa** disposition les me-
« sures de surveillance et **de contrôle qui sont à la**
« disposition des marchés parisiens. C'est donc
« une crainte chimérique que celle de voir affluer
« à Paris, le rebut de la province ; et, s'il y a dan-
« ger, ce n'est pas à des mesures législatives et *à*
« *des privilèges* qu'il faut faire appel, c'est à la
« vigilance de l'administration qui, à Paris plus
« qu'ailleurs, est armée, pour assurer les services
« **d'hygiène sur nos marchés.** »

Il résulte bien clairement de ces déclarations que
l'article 12 n'a eu qu'un but, celui de supprimer
un privilège pour le remplacer par le droit commun.

Les bouchers de Paris ne pourront plus, désormais, invoquer les arrêts de réglement du Parlement de Paris qui leur conféraient la garantie
nonnaire.

Ils sont, désormais, placés vis-à-vis de leurs vendeurs, dans la même situation de droit que les bouchers de province ; comme pour ces derniers, leurs achats seront régis par le droit commun.

250. Le droit commun est défini par les articles 1641 et suivants du Code civil.

Nous **en** avons exposé les principes n°s 40 à 44.

Leur application spéciale aux bouchers, consistera dans leur droit de demander la résolution du marché, chaque fois que, pour un vice caché quelconque, l'animal acheté sera impropre à l'alimentation.

(Leclercq et Rasson, marchands bouchers à Roubaix, contre Delevalle, marchand de vaches à Warquehal). « Le Tribunal : Attendu que les sieurs « Leclercq et Rasson demandeurs concluent à ce « que le sieur Delevalle défendeur soit condamné « à leur rembourser la somme de 280 francs prix « payé par eux, au sieur Delevalle pour l'achat « d'une vache atteinte d'un vice caché et enfouie « par l'administration ; attendu que le sieur Dele- « valle prétend que le vendeur n'est pas tenu à la « garantie des vices rédhibitoires non prévus par la « loi du 20 mai 1838 et demande que les sieurs Le- « clercq et Rasson soient déclarés non recevables et « mal fondés en leur réclamation. En fait, attendu « qu'il résulte des explications fournies par les par- « ties et des documents versés au débat, qu'à la

« date du 28 juin dernier, Delevalle a **vendu à Le-**
« clercq et Rasson, marchands bouchers à Rou-
« baix, une vache destinée à leur commerce et
« achetée comme viande sur pied ; que cet animal,
« abattu le 3 juillet suivant à l'abattoir de Roubaix a
« été reconnu par l'inspecteur sanitaire de la ville,
« comme étant atteint d'une phtisie tuberculeuse,
« impropre à la consommation et enfouie le lende-
« main par mesure administrative ; qu'en consé-
« quence *il y a lieu à application des articles* 1643
« *et suivants du Code civil qui obligent le vendeur à*
« *la garantie du vice caché.* Par ces motifs, le tri-
« bunal condamne le sieur Delevalle à rembour-
« ser la somme de 280 **fr.** prix de vente de la
« vache dont s'agit. Trib. com. de Roubaix, 17
« avril 1882. La *Presse vétérinaire*, année 1884,
« p. 593. »

(Deville C. Longefait). « *Nous juge de paix,*
« parties entendues, jugeant en dernier ressort :
« attendu que, par sa citation en date du 16
« novembre dernier, le sieur Deville a fait appeler
« devant nous, le sieur Longefait, maître d'hôtel,
« à Saint-Étienne, pour le faire condamner à lui
« rembourser la somme de 80 fr. prix d'un cheval
« qu'il lui a vendu pour la boucherie et qui a été
« reconnu, par l'inspecteur des abattoirs, comme
« atteint de la morve chronique et dont la chair a
« été saisie pour cause d'insalubrité ; attendu que
« pour repousser cette demande, le sieur Longe-
« fait a prétendu que Deville n'ayant pas formé

« **sa** demande dans les délais fixés par la loi du
« 20 mai 1838, cette demande devait être déclarée
« non recevable et mal fondée ; attendu qu'il est
« établi **que le cheval vendu par Longefait à Deville,**
« qui exploite à Saint-Etienne la boucherie cheva-
« line de la place des Ursules, a été acheté par ce
« dernier pour être abattu et vendu comme viande
« de boucherie ; attendu que *les ventes d'animaux*
« *faites en vue de la boucherie ne sont pas régies*
« *par la loi du* 20 *mai* 1838 : *que pour ces sortes*
« *de vente, cette loi n'est applicable, ni quant au*
« *fond, ni quant à la procédure :* que l'énumération
« des vices qu'elle donne, la limitation des espèces
« animales qu'elle établit, les délais qu'elle fixe
« pour intenter l'action, tout cela est étranger à
« la garantie des défauts de la chose vendue,
« quand il s'agit d'animaux vendus pour la bou-
« cherie : *attendu que pour les ventes d'animaux de*
« *boucherie, sont seuls applicables* les articles 1641 *et*
« *suivants du Code civil* qui disposent que le ven-
« deur est tenu de la garantie, à raison des défauts
« cachés de la chose vendue qui la rendent im-
« propre à l'usage auquel on la destine, quand
« même il ne les aurait pas connus et au quel cas,
« il est tenu à la restitution du **prix** : attendu
« qu'il suit de là, que la demande de Deville est
« justifiée et que c'est le cas de l'accueillir ; atten-
« du que les dépens sont à la charge de celui qui
« succombe. Par ces motifs, condamnons Longe-
« fait à rembourser à Deville la somme de 80 fr.

« pour les causes sus-énoncées. Le condamnons,
« en outre, aux dépens. « Justice de paix de Saint-
Etienne, 18 décembre 1883 ; *la Loi* n° du 17 avril
1884.

(Delaunay C. Tarlier). Le Tribunal : « Attendu
« que Delaunay réclame à Tarlier une somme de
« 279 fr. pour remboursement du prix d'une
« vache, dépouille déduite, qui lui a été vendue
« par ledit Tarlier et dont la viande a été recon-
« nue impropre à l'alimentation, par l'admi-
« nistration compétente ; *attendu que les prescrip-*
« *tions de la loi du 20 mai 1838 ne sont pas*
« *applicables aux animaux vendus pour être livrés*
« *à la boucherie :* attendu que Tarlier ne mécon-
« naît pas que la vache par lui vendue, était
« destinée à être livrée immédiatement à l'ali-
« mentation ; attendu que Delaunay rapporte suffi-
« samment la preuve des faits, par lui allégués,
« concernant l'état de la vache qui lui avait été
« vendue par Tarlier. Attendu que Tarlier a eu
« immédiatement connaissance des faits, à rai-
« son desquels, Delaunay a introduit la demande ;
« le tribunal jugeant en dernier ressort, condamne
« Tarlier à payer au demandeur la somme de
« 279 fr. avec intérêts et frais. » Trib. com. de
Lille, 18 mars 1884. *La Presse vétérinaire*, année
1884, p. 594.

Les trois décisions que nous venons de rapporter sont antérieures à la loi du 2 août 1884.

Cette loi, nous l'avons vu, ne s'occupe de l'espèce bovine que pour abroger les arrêts de règlement du Parlement de Paris qui avaient conféré aux marchands **bouchers** de la capitale, une garantie exceptionnelle.

Cette abrogation a pour résultat de placer, pour leurs achats, les marchands bouchers de Paris sous le régime **du droit commun.**

Quant aux marchands bouchers de **province,** pour lesquels rien n'est modifié, ils continueront, comme sous la loi de **1838,** à être régis **par ce** même droit commun.

Plusieurs décisions rendues depuis la loi **du 2** août 1884 ont fait l'application de ces principes.

(Bertrand C. Pillot). Le Tribunal : « attendu que, « Bertrand réclame à Pillot une somme de 300 fr. « pour prix d'une vache vendue et livrée : atten- « du que Pillot résiste à cette demande en exci- « pant d'une saisie pratiquée à l'abattoir sur la « viande de cette vache, par le service sanitaire; « attendu en droit, *qu'aux termes de l'article* 1641 « *du Code civil, le vendeur est tenu de la garantie,* « à raison *des vices cachés de la chose vendue qui* « *la rendent impropre à l'usage auquel on la des-* « *tine;* attendu en fait, dans la cause, qu'il est « constant et reconnu des deux parties, que l'ani- « mal litigieux a été acheté pour la boucherie et « que sa viande a été déclarée impropre à cet « usage et en conséquence, saisie par le service « sanitaire; que de ce procès-verbal de saisie, **il**

« ressort que la vache était atteinte **d'une mala-**
« die contagieuse laquelle ne pouvait **être reconnue**
« avant l'abattage, d'où il suit qu'il **y a eu** vice
« caché et que Bertrand, dès lors, **doit être dé-**
« bouté de sa demande; attendu que **les frais sont**
« à la charge de la partie qui succombe. **Par ces**
« motifs, le tribunal jugeant contradictoirement
« et en dernier ressort, dit que l'animal vendu
« par Bertrand à Pillot était atteint **d'un vice**
« caché qui le rendait impropre à l'emploi **auquel**
« il était destiné; en conséquence, déboute ledit
« Bertrand de sa demande en paiement et le
« condamne aux dépens. » Trib. com. de Lyon,
20 novembre 1884, journal *Le Fermier*, **n° du 4**
mai 1885.

Le sieur Bertrand s'étant pourvu en cassation
contre ce jugement, a soutenu, à l'appui de son
pourvoi, que c'était à tort que l'article 1641 **du**
Code civil avait été appliqué à l'espèce; que les
dispositions législatives qui lui étaient applicables
consistaient dans les articles 1, 2, 5 et 12 de la loi
du 2 août 1884 et que ces articles n'imposant
aucune garantie au vendeur de l'espèce bovine,
il en résultait qu'il n'était pas tenu de garantir le
vice caché dont la vache qu'il avait vendue **au sieur**
Pillot, était atteinte.

Ces moyens méconnaissaient le caractère spécial
et limité de la loi du 2 août 1884.

Cette loi a remplacé la loi de 1838, sous laquelle
on avait également tenté de soutenir qu'elle

s'appliquait à d'autres animaux que ceux qui y étaient dénommés, comme aussi à d'autres vices que ceux qu'elle énumérait.

Ces tentatives furent repoussées par une jurisprudence unanime. (Cass. 7 avail 1846, D. P. 1846, 1,212 : — trib. com. de la Seine, 12 janvier 1853, D. R. v° vices rédhibitoires, 218 et 231 : — justice de paix de Vouziers, 20 juillet 1854, D. R. V° Vices rédhibitoires, 218 et 245 : — Cass., 17 avril 1855, D. P. 1855, 1,176 : — trib. com de la Seine, 6 novembre 1857, D. R v° vices rédhibitoires, 218 et 235 : — Paris, 11 mars 1867, S. 1868, 2, 107 : — Cass., 7 mai 1878, S. 1878, 1, 264.)

Les mêmes raisons de droit qui avaient déterminé cette jurisprudence s'appliquent à la loi du 2 août 1884.

Il en résulte qu'aucune de ses dispositions ne peut être invoquée à l'occasion d'un marché concernant un animal de l'espèce bovine, puisque cette espèce ne figure pas parmi les animaux qui y sont dénommés.

Le pourvoi du sieur Bertrand fut rejeté par l'arrêt de la chambre des requêtes suivant :

La Cour : « Sur le moyen unique du pour« voi tiré de la fausse application de l'article « 1641 du Code civil et la violation des articles 1, « 2, 5 et 12 de la loi du 2 août 1884 : attendu que « s'il est vrai que les dispositions de la loi du 2 « août 1884 sont limitatives et que l'action résolu-

« toire dans les ventes ou échanges d'animaux domes-
« tiques ne peut être intentée hors des cas qui y sont
« spécifiés, il en est autrement lorsque la garantie
« réclamée est le résultat d'une convention :
« attendu que l'ensemble des faits retenus par la
« décision attaquée, constate suffisamment l'exis-
« tence, entre les parties, d'une convention tacite
« de garantie : attendu que le jugement déclare en
« effet, qu'il est constant et reconnu par les parties,
« que la vache, objet du litige, avait été achetée par
« Pillot et vendue par Bertrand, pour être livrée
« à la boucherie; qu'elle fut immédiatement abat-
« tue après le marché, mais que la viande en
« provenant fut saisie par le service sanitaire, en
« vertu d'un procès - verbal constatant que la
« vache était atteinte d'une maladie contagieuse
« qui ne pouvait être reconnue avant l'abattage et
« qui rendait la viande impropre à l'usage en
« vue duquel le marché avait eu lieu : *attendu*
« *que l'obligation de garantie, invoquée dans ces*
« *circonstances par Pillot contre Bertrand, résultait de*
« *la nature même de la chose vendue et du but que*
« *les parties s'étaient proposé et qui formait la condi-*
« *tion essentielle du contrat :* que cette obligation,
pour être implicite, n'en était pas moins manifeste et absolue; d'où il suit que le jugement
« attaqué, en rejetant l'action en paiement du prix
« du marché litigieux formé par le demandeur
« contre le défendeur éventuel, n'a ni fausse-

« ment appliqué l'article 1641 **du Code civil, ni**
« violé les dispositions de la loi du 2 août **1884,**
« visées au pourvoi : rejette etc... » **Cass., 10 no-**
vembre 1885, S, 1886, 1,53.

On a vu que l'arrèt fait résulter l'obligation **de**
garantie de Bertrand d'une convention **tacite.**

Telle n'est pas la cause de cette obligation. **Elle**
se trouve uniquement, ainsi que les **précédentes**
décisions l'ont déclaré, dans **les dispositions des**
articles 1641 et suivants du Code **civil.**

L'arrèt le reconnait au surplus, lorsqu'il dit, **dans**
son second motif, que l'obligation résultait **« *de la***
« *nature même de la chose vendue et du but que les par-*
« *ties s'étaient proposé et qui formait la condition essen-*
« *tielle du contrat.* »

Ce second motif n'est en effet que la reproduction des motifs sur lesquels repose l'article 1641 du
code civil et des conditions sur lesquelles l'article
1641 se fonde, pour imposer au vendeur la garantie
des vices rédhibitoires.

Aussi, aurait-il dû seulement être énoncé dans
l'arrèt au quel il suffisait pour justifier sa décision.

La nécessité d'invoquer une convention n'existe
que lorsque la résolution du marché, au lieu
d'être demandée à raison d'un **vice** rédhibitoire
conférant, selon l'article 1641, **une garantie de**
droit, est fondée sur une convention à raison
d'une qualité ou d'une aptitude spéciale de l'ani-

mal acheté, que l'acheteur a voulu trouver dans cet animal, et dont il s'est fait, par la convention, garantir l'existence.

Ces principes ont été appliqués dans l'espèce suivante :

Le sieur Dupuy avait acheté un baudet qui devait être propre à la reproduction.

Il demanda la résolution du marché en alléguant que le baudet était impuissant.

LE TRIBUNAL : « Attendu que tout en contestant « que le baudet fût impuissant, comme le sou- « tient le sieur Dupuy, le sieur Gambus prétend « que cette impuissance même ne serait pas une « cause de la résolution de la vente, parce qu'elle « ne constitue pas un des vices rédhibitoires dé- « terminés par la loi du 20 mai 1838 ; mais « attendu que ce moyen n'est pas fondé et que la « demande du sieur Dupuy, si elle se justifie « en fait, appelle l'application des articles 1641 « et 1644 du Code civil ; que la chose vendue « serait absolument impropre à sa destination ; « qu'ainsi, le contrat n'aurait évidemment pas de « raison d'être, etc. » Trib. com. de Saint-Gaudens, 8 avril 1863.

Sur l'appel du sieur Gambus, 24 mai 1864, arrêt confirmatif de la Cour de Toulouse par adoption de motifs.

Pourvoi en cassation du sieur Gambus et arrêt de rejet du pourvoi en ces termes :

LA COUR : « Sur le moyen unique tiré de la vio-

« lation des articles 1, 2 et 3 de la loi du 20 mai
« 1838 et de la fausse application des articles
« 1134, 1641 et 1644 du Code civil ; attendu que,
« s'il est vrai que les dispositions de la loi du
« 20 mai 1838 sur les vices rédhibitoires sont
« limitatives et que l'action résolutoire ne peut,
« dans les ventes et échanges des animaux do-
« mestiques, être intentée hors des cas qui y sont
« spécifiés ; il en est autrement, lorsque la ga-
« rantie réclamée est le résultat d'une conven-
« tion ; attendu qu'il est déclaré, en fait, par le
« jugement du tribunal de Saint-Gaudens du
« 18 avril 1863 confirmé par la Cour impériale de
« Toulouse, que le traité verbal intervenu entre
« les parties *avait pour objet la livraison du baudet*
« *propre à la reproduction et que cette idonéité était*
« *la condition essentielle du marché* ; attendu que
« la garantie invoquée, pour être implicite, n'en
« était pas moins manifeste et absolue ; d'où il
« suit *que l'absence de l'aptitude convenue* était de
« nature à *entraîner la résolution du contrat :*
« attendu que de ce qui précède, il résulte que
« l'arrêt attaqué n'a pas violé les articles 1, 2 et 3
« de la loi du 20 mai 1838 et *n'a fait qu'une juste*
« *application des articles 1134, 1641 et 1644 du*
« *Code civil,* rejette, etc. » Cass., 6 décembre 1865,
D. P. 1866, 1, 167.

Cet arrêt de la Chambre des requêtes reconnaît
que, dans l'espèce, il ne s'agit pas d'un vice
rédhibitoire, mais que, néanmoins, le contrat

doit être résolu parce que l'aptitude convenue et qui avait été la condition essentielle du marché n'existait pas.

Il en est autrement, lorsque la viande d'un animal acheté pour être livrée à la consommation est insalubre et par suite impropre à cet usage.

Cet état d'insalubrité de la viande, lorsqu'il n'est pas apparent, constitut un vice rédhibitoire conférant, d'après l'article 1641 du Code civil, sans qu'il soit besoin d'aucune convention, une garantie de droit, à raison de laquelle, l'acheteur est autorisé à demander la résolution du marché.

Un second arrêt de la Chambre des requêtes, rendu le 20 janvier 1886, a admis le pourvoi formé contre un jugement du tribunal de commerce de Blois rendu le 13 novembre 1885 qui a méconnu le droit pour le sieur Faucher, d'être garanti par le sieur Jouanneau, son vendeur, de l'insalubrité de la viande d'un animal de l'espèce bovine acheté pour la boucherie et qui a été déclaré, par le service sanitaire, impropre à la consommation. *Le Droit*, n° du 22 janvier 1886.

Le tribunal de commerce de la Seine, dans le ressort duquel, se passent les marchés les plus importants pour la race bovine destinée à l'abattoir, a également reconnu, dans une espèce identique aux précédentes, que l'acheteur trouvait dans la garantie de droit commun édictée contre le vendeur par l'article 1641 du Code civil, la source de l'action rédhibitoire entraînant la résolution du marché.

(Bruneau, marchand boucher, contre Roche aîné, commissionnaire en bestiaux.) LE TRIBUNAL : « Attendu que, pour résister à la demande, Roche « allègue que, lors de la vente par lui faite à « Bruneau du bœuf cause du litige, ce bœuf ne « portait aucune trace de coups ou de blessures ; « qu'avant de l'acheter, Bruneau l'avait touché et « visité, puis en aurait pris livraison sans protes- « tation ni réserves ; que par suite, si après l'a- « batage et le dépouillement de cet animal, cer- « taines parties du corps avaient été couvertes « de fortes ecchymoses, ces ecchymoses auraient « été occasionnées par des accidents survenus « après la vente ; qu'il ne saurait donc en être « rendu responsable. Mais qu'il n'y a pas à s'ar- « rêter aux allégations de Roche ; qu'en effet, il « ressort des pièces produites, que s'il est vrai « que le bœuf en question ne portait aucune trace « de coups et blessures, il avait été néanmoins « blessé en cours de transport, et dès avant la « vente effectuée par Roche à Bruneau ; *que cette* « *blessure, n'étant pas apparente et n'ayant pas été* « *signalée à ce dernier, constitue un vice caché de* « *la chose vendue ; que, dès lors, d'après les termes* « *de l'article 1643 du Code civil, Roche, vendeur,* « *est tenu de garantir Bruneau de la dépréciation* « *résultant de ce vice caché,* laquelle, vérification

« faite, est bien de 150 fr.; qu'il s'en suit que
« Roche aîné doit être obligé de payer à Bruneau
« la somme de 150 fr. réclamée. Par ces motifs,
« condamne Roche aîné à payer à Bruneau la
« somme de 150 fr. avec les intérêts, suivant la
« loi; condamne Roche aîné aux dépens. » Trib.
com. de la Seine, 26 août 1885; *Journal de la
Chambre syndicale de la boucherie de Paris*, n°
du 22 novembre 1885.

Il a été encore jugé dans le même sens par la
décision suivante : Nous, juge de paix : « Attendu
« que Picard réclame à Lambreck la somme de
« 70 fr., prix de vente d'un taureau abattu et des-
« tiné à être débité comme viande de boucherie ;
« attendu que le défendeur reconnaît bien la
« vente, mais prétend qu'il ne doit rien, n'ayant
« pu faire usage de la chair du taureau, tout à
« fait impropre à la boucherie ; attendu que son
« exception ne procède point de la loi du 27 mars
« 1851 qui considère comme un délit, la vente en
« connaissance de cause de substances ou den-
« rées alimentaires corrompues. Picard devant
« ignorer l'état de la chair du taureau, puisque
« Lambreck avoue lui-même, qu'en l'achetant, il
« lui était impossible de reconnaître cet état, bien
« que la bête fût dépecée; *attendu qu'il ne peut
« donc invoquer, en sa faveur, que les articles
« 1641 et 1643 du Code civil qui obligent le ven-
« deur à la garantie des défauts cachés de la chose
« vendue, bien qu'il ne les connût pas, s'ils rendent*

« *cette chose impropre à l'usage auquel elle était*
« *destinée* ; mais attendu que l'article 1648 du
« même Code édicte que l'action résultant des
« vices rédhibitoires doit être intentée par l'ac-
« quéreur dans un bref délai : attendu par
« suite, que la vente ayant eu lieu en octobre
« 1884, c'est-à-dire depuis plus d'un an, Lam-
« breck ne se trouve plus en temps utile *pour*
« *exciper de l'action en garantie* résultant des ar-
« ticles 1641 et 1643, action qui n'a pas été inten-
« tée dans un bref délai, comme le veut la loi ;
« par ces motifs ; statuant contradictoirement et
« en dernier ressort, condamnons Lambreck à
« payer au demandeur la somme de 70 fr. qu'il
« lui doit, avec intérêts de droit et dépens. » Justice de paix du canton de Roye (Somme), 18 décembre 1885. *Annales des justices de paix*, année 1886,
p. 228.

251. Un jugement du tribunal de commerce de
Lille, rendu le 9 décembre 1884, entre Crombet,
boucher-chevilleur à Lille, et Désiré Bonnard,
marchand de bestiaux à Lille, et rapporté dans la
Presse vétérinaire, année 1884, p. 705, a repoussé
la demande de Crombet, en remboursement du prix
d'un bœuf acheté pour la boucherie et reconnu impropre à l'alimentation.

Le premier motif énoncé dans le jugement est
ainsi conçu : « Attendu que l'article 12 de la loi du 2
« août 1884 a déchargé de toute garantie, *sauf le*

« *cas de dol*, les vendeurs d'animaux destinés à la
« boucherie. »

Ce motif repose sur une erreur manifeste, car le
premier paragraphe de l'article 12 se borne à abroger
les arrêts de règlements du Parlement de Paris qui
avaient accordé aux bouchers de la capitale une
garantie exceptionnelle.

On ne saurait donc y trouver, comme le dit le
jugement, que, sauf le cas de dol, les vendeurs sont
déchargés de toute garantie.

Le second motif du jugement n'est pas plus
admissible.

Il est ainsi conçu : « Attendu que le second para-
« graphe de l'article 12 abroge, de plus, toutes les
« dispositions contraires à cette loi ; qu'en cet état
« de la cause, les dispositions de l'article 1641 ne
« sont plus applicables. »

Ce second paragraphe reproduit la disposition
transitoire, pour ainsi dire de style, que l'on trouve
à la fin de toutes les lois spéciales.

Cette disposition, aussi bien que toutes les autres
de la loi du 2 août 1884, ne peut concerner que les
trois espèces d'animaux dont elle s'occupe.

Elle déclare que, pour ces espèces, les règles du
droit commun sont abrogées par les règles spéciales
qu'elle leur substitue.

Pour l'espèce bovine qui ne fait pas l'objet de la
loi spéciale, c'est au droit commun qu'il faut
nécessairement recourir et, par conséquent, aux
articles 1641 et suivants du Code civil, à moins

d'admettre que cette espèce serait mise, pour ainsi dire, hors la loi, puisque les transactions dont elle est l'objet ne seraient alors régies, ni par une loi spéciale, ni par le droit commun.

252. Dans les contestations relatives aux achats des animaux en vue de l'alimentation, on se conformera, pour la procédure à suivre, aux règles ordinaires que nous avons indiquées nos 208, 209 et 210. Les règles ordinaires de la procédure seront également observées pour les actions récursoires en garantie, s'il y a lieu de les exercer.

253. Pour le délai, dans lequel l'action rédhibitoire doit être intentée, on suivra les règles que nous avons indiquées n° 42 et, pour le délai de l'action récursoire en garantie, les règles indiquées n° 44.

254. Il y aura lieu d'observer, pour la juridiction à saisir de la contestation, les règles ordinaires sur la compétence que nous avons tracées nos 214 à 228.

255. Le vice dont on soupçonne l'animal atteint doit être constaté sans aucun retard.

Pour qu'il en soit ainsi, il faut que les experts soient immédiatement nommés.

La contestation étant du ressort de la juridiction civile, on devra, si la demande doit être intentée devant un tribunal civil de première instance, user de la faculté de faire nommer les experts par une ordonnance de référé.

S'il s'agit d'une demande à intenter devant la

justice de paix, afin d'éviter tout retard pour la nomination des experts, on se fera autoriser, au moyen d'une cédule obtenue du juge de paix, en conformité de l'article 6 du Code de procédure civile, à citer dans le jour et à l'heure indiqués, form. n° 28.

Cette cédule est obtenue sur une simple demande verbale, sans qu'il soit besoin de présenter une requête.

Elle est transcrite, par le juge de paix, sur la feuille de papier timbré qui doit servir pour la citation.

La contestation étant du ressort des tribunaux de commerce, on obtiendra du président du tribunal, conformément à l'article 417 du Code de procédure civile, une ordonnance rendue sur requête autorisant à assigner de jour à jour et même d'heure à heure, form. n°s 34 et 35. La requête et l'ordonnance seront signifiées en tête de l'assignation.

Code civil.

Livre III. Titre VI.

DE LA VENTE.

§ II.

SECTION III. DE LA GARANTIE.

§ II. De la garantie des défauts cachés de la chose vendue.

1641. Le vendeur est tenu de la garantie à raison des défauts cachés de la chose vendue qui la rendent impropre à l'usage auquel on la destine, ou qui diminuent tellement cet usage, que l'acheteur ne l'aurait pas acquise, ou n'en aurait donné qu'un moindre prix, s'il les avait connus.

1642. Le vendeur n'est pas tenu des vices apparents et dont l'acheteur a pu se convaincre lui-même.

1643. Il est tenu des vices cachés, quand même il ne les aurait pas connus, à moins que, dans ce cas, il n'ait stipulé qu'il ne sera obligé à aucune garantie.

1644. Dans le cas des articles 1641 et 1643, l'acheteur a le choix de rendre la chose et de se faire restituer le prix, ou de garder la chose et de se faire rendre une partie du prix, telle quelle sera arbitrée par experts.

1645. Si le vendeur connaissait les vices de la chose, il est tenu, outre la restitution du prix qu'il en a reçu, de tous les dommages et intérêts envers l'acheteur.

1646. Si le vendeur ignorait les vices de la chose, il ne sera tenu qu'à la restitution du prix, et à rembourser à l'acquéreur les frais occasionnés par la vente.

1647. Si la chose qui avait des vices, a péri par suite de sa mauvaise qualité la perte est pour le vendeur, qui sera tenu envers l'acheteur à la restitution du prix, et aux autres dédommagements expliqués dans les deux articles précédents. — Mais la perte arrivée par cas fortuit sera pour le compte de l'acheteur.

1648. L'action résultant des vices rédhibitoires, doit être intentée par l'acquéreur, dans un bref délai, suivant la nature des vices rédhibitoires et l'usage du lieu ou la vente a été faite.

1649. Elle n'a pas lieu dans les ventes faites par autorité de justice.

Code rural, animaux domestiques, vices rédhibitoires.

Loi sur le Code rural (vices rédhibitoires dans les ventes et échanges d'animaux domestiques.)

(2 AOUT 1884). — *Promulg. au J. Off. du 6 août).*

ART. 1er. L'action en garantie, dans les ventes ou échanges d'animaux domestiques, sera régie, à défaut de conventions contraires, par les dispositions suivantes, sans préjudice des dommages et intérêts qui peuvent être dus s'il y a dol.

ART. 2 Sont réputés vices rédhibitoires et donneront seuls ouverture aux actions résultant des art. 1641 et suiv. C. civ., sans distinction des localités où les ventes et échanges auront lieu, les maladies **ou** défauts ci-après, savoir :

Pour le cheval, l'âne et le mulet.

La morve.
Le farcin.
L'immobilité.
L'emphysème pulmonaire.
Le cornage chronique.
Le tic proprement dit, avec ou sans usure des dents.

Les boiteries anciennes intermittentes.

La fluxion périodique des yeux.

Pour l'espéce ovine.

La clavelée ; cette maladie reconnue chez un seul animal entraînera la rédhibition de tout le troupeau s'il porte la marque du vendeur.

Pour l'espèce porcine.

La ladrerie (1).

ART. 3. L'action en réduction de prix, autorisée par l'art. 1644 C. civ., ne pourra être exercée dans les ventes et échanges d'animaux énoncés à l'article précédent, lorsque le vendeur offrira de reprendre l'animal vendu, en restituant le prix et en remboursant à l'acquéreur les frais occasionnés par la vente.

ART. 4. Aucune action en garantie, même en réduction de prix, ne sera admise pour les ventes ou pour les échanges d'animaux domestiques, si le prix, en cas de vente, ou la valeur en cas d'échange, ne dépasse pas 100 fr.

ART. 5. Le délai pour intenter l'action rédhibitoire sera de neuf jours francs, non compris le jour fixé pour la livraison, excepté pour la fluxion périodique, pour laquelle ce délai sera de trente jours francs, non compris le jour fixé pour la livraison.

ART 6. Si la livraison de l'animal a été effectuée hors du lieu du domicile du vendeur ou si, après la livraison et dans le délai ci-dessus, l'animal a été conduit hors du lieu du domicile du vendeur, le délai pour intenter l'action sera augmenté à raison de la distance, suivant les règles de la procédure civile.

ART. 7. Quel que soit le délai pour intenter l'action, l'acheteur, à peine d'être non recevable devra provoquer, dans les délais de l'art. 5. la nomination d'experts chargés de dresser procès-verbal ;

---

(1) La Loi du 31 juillet 1895 a supprimé des cas rédhibitoires la morve, le farcin et la clavelée.

la requête sera présentée, verbalement ou par écrit.
au juge de paix du lieu où se trouve l'animal; ce juge
constatera dans son ordonnance la date de la requête
et nommera immédiatement un ou trois experts qui
devront opérer dans le plus bref délai.

Ces experts vérifieront l'état de l'animal, recueilleront tous les renseignements utiles, donneront leur
avis, et à la fin de leur procès-verbal, affirmeront,
par serment, la sincérité de leurs opérations.

Art. 8. Le vendeur sera appelé à l'expertise, à
moins qu'il n'en soit autrement ordonné par le juge
de paix, à raison de l'urgence et de l'éloignement.

La citation à l'expertise devra être donnée au vendeur dans les délais déterminés par les art. 5 et 6;
elle énoncera qu'il sera procédé même en son absence.

Si le vendeur a été appelé à l'expertise, la demande
pourra être signifiée dans les trois jours à compter
de la clôture du procès-verbal, dont copie sera
signifiée en tête de l'exploit.

Si le vendeur n'a pas été appelé à l'expertise, la
demande devra être faite dans les délais fixés par les
article 5 et 6.

Art. 9. La demande est portée devant les tribunaux compétents, suivant les règles ordinaires du
droit.

Elle est dispensée de tout préliminaire de conciliation et, devant les tribunaux civils, elle est instruite
et jugée comme matière sommaire.

Art. 10. Si l'animal vient à périr, le vendeur ne
sera pas tenu de la garantie, à moins que l'acheteur
n'ait intenté une action régulière dans le délai légal,
et ne prouve que la perte de l'animal provient de
l'une des maladies spécifiées dans l'art. 2.

Art. 11. Le vendeur sera dispensé de la garantie
résultant de la morve ou du farcin pour le cheval,
l'âne et le mulet, et de la clavelée pour l'espèce ovine
s'il prouve que l'animal, depuis la livraison, a été mis
en contact avec animaux atteints de ces maladies.

Art. 12. Sont abrogés tous règlements imposant une garantie exceptionnelle aux vendeurs d'animaux destinés à la boucherie.

Sont également abrogées la loi du 20 mai 1838 et toutes les dispositions contraires à la présente loi.

Loi du 20 mai 1838.

Abrogée par la loi du 2 août 1884.

Art. 1er. Sont réputés vices rédhibitoires et donneront seuls ouverture à l'action résultant de l'article 1641 du Code civil, dans les ventes ou échanges d'animaux domestiques ci-dessous dénommés, sans distinction des localités où les ventes et échanges auront eu lieu, les maladies ou défauts ci-après, savoir :

Pour le cheval l'âne ou le mulet. — La fluxion périodique des yeux, l'épilepsie ou mal caduc, la morve, le farcin, les maladies anciennes de poitrine ou vieilles courbatures, l'immobilité, la pousse, le cornage chronique, le tic sans usure des dents, les hernies inguinales intermittentes, la boiterie intermittente pour cause de vieux mal.

Pour l'espèce bovine. — La phtisie pulmonaire, l'épilepsie ou mal caduc, les suites de la non-délivrance, le renversement du vagin ou de l'utérus, après le départ de chez le vendeur.

Pour l'espèce ovine. — La clavelée ; cette maladie reconnue chez un seul animal entraînera la rédhibition de tout le troupeau.

La rédhibition n'aura lieu que si le troupeau porte la marque du vendeur. — Le sang de rate : cette maladie n'entraînera la rédhibition du troupeau qu'autant que, dans le délai de la garantie, la perte constatée s'élèvera au quinzième au moins des animaux achetés. Dans ce dernier cas, la rédhibition n'aura lieu également que si le troupeau porte la marque du vendeur.

ART. 2. L'action en réduction du prix autorisée par l'article 1644 du Code civil ne pourra être exercée dans les ventes et échanges d'animaux énoncés dans l'article 1er ci-dessus.

ART. 3. Le délai pour intenter l'action rédhibitoire sera, non compris le jour fixé pour la livraison, de trente jours pour le cas de fluxion périodique des yeux et d'épilepsie ou mal caduc ; de neuf jours pour tous les autres cas.

ART. 4. Si la livraison de l'animal a été effectuée, ou s'il a été conduit dans les délais ci-dessus, hors du lieu du domicile du vendeur, les délais seront augmentés d'un jour par cinq myriamètres de distance du domicile du vendeur au lieu où l'animal se trouve.

ART. 5. Dans tous les cas, l'acheteur, à peine d'être non recevable, sera tenu de provoquer, dans les délais de l'article 3, la nomination d'experts chargés de dresser procès verbal ; la requête sera présentée au juge de paix du lieu où se trouve l'animal. Ce juge nommera immédiatement, suivant l'exigence des cas, un ou trois experts, qui devront opérer dans le plus bref délai.

ART. 6. La demande sera dispensée du préliminaire de conciliation, et l'affaire instruite et jugée comme matière sommaire.

ART. 7. Si, pendant la durée des délais fixés par l'article 3, l'animal vient à périr, le vendeur ne sera pas tenu de la garantie, à moins que l'acheteur ne prouve que la perte de l'animal provient de l'une des maladies spécifiées dans l'article 1er.

ART. 8. Le vendeur sera dispensé de la garantie résultant de la morve et du farcin pour le cheval, l'âne et le mulet, et de la clavelée pour l'espèce ovine, s'il prouve que l'animal, depuis la livraison, a été mis en contact avec des animaux atteints de ces maladies.

APPENDICE [1]

Nous avons, page 22 n° 58, indiqué que l'article 459 du Code pénal enjoignait à tout détenteur d'animaux soupçonnés d'être infectés de maladies contagieuses, d'en avertir sur-le-champ le maire de la commune, et de les tenir renfermés, sous peine d'un emprisonnement de dix jours à deux ans et d'une amende de seize à deux cents francs.

Nous avons également indiqué, page 112 n° 169, qu'une ordonnance du 16 juillet 1784 imposait aux vétérinaires, sous peine de 500 livres d'amende, l'obligation de déclarer à l'autorité municipale les animaux, chez lesquels ils auraient constaté des maladies contagieuses.

La loi du 21 juillet 1881 sur la police sanitaire des animaux, tout en abrogeant l'article 459 du Code pénal et l'ordonnance du 16 juillet 1784 a néanmoins, maintenu le principe que ces dispositions abrogées avaient édicté.

---

(1) Cet appendice est devenu sans objet, la loi du 31 juillet 1895 ayant retranché des vices rédhibitoires, les trois maladies contagieuses qui étaient comprises dans l'énumération de l'article 2 de la loi du 2 août 1884.

L'article 3 de cette loi est, en effet, ainsi conçu : « Tout propriétaire, toute personne, « ayant, à quelque titre que ce soit, la charge « des soins ou la garde d'un animal atteint ou « soupçonné d'être atteint d'une maladie conta- « gieuse, dans les cas prévus par les articles 1er « et 2, et tenu d'en faire sur-le-champ la décla- « ration au maire de la commune où se trouve « cet animal. Sont également tenus de faire cette « déclaration tous les vétérinaires qui seraient « appelés à le soigner. »

Les peines portées par l'article 459 du Code pénal et l'ordonnance du 16 juillet 1784 ont été seulement modifiées par l'article 30 de la loi du 21 juillet 1881 qui punit de défaut de déclaration d'un emprisonnement de six jours à deux mois et d'une amende de seize à quatre cents francs.

Telles sont les dispositions de la loi du 21 juillet 1881 que nous devions rapporter, comme ce rattachant à ce qui fait l'objet de ce traité.

FORMULAIRE

Il s'applique aux ventes et aux échanges d'animaux.

Formule 1.

L'an... le... heure de... devant nous (prénoms, nom) Juge de paix du canton de Neuilly, département de la Seine, en notre prétoire, assisté de Mᵉ (nom), greffier de cette Justice de paix, est comparu le sieur Jules Martin, cultivateur, demeurant à Boulogne-sur-Seine, avenue de la Reine, nº 24, lequel nous a exposé : que le... il a acheté du sieur Charles Durand, propriétaire, demeurant à Paris, rue Saint-Denis, nº 70, moyennant le prix de cinq cents francs payés comptant, un cheval (le désigner); que cet animal paraît atteint du vice rédhibitoire appelé cornage chronique, lequel est compris dans l'énumération de l'article 2 de la loi du 2 août 1884. Pourquoi l'exposant nous demande de nommer un ou trois experts, à l'effet de procéder à l'examen de l'animal dont s'agit, constater le vice rédhibitoire dont il peut être atteint, en cas de mort, d'en rechercher les causes, soit par l'examen extérieur du cadavre, soit par l'autopsie et du tout, dresser procès-verbal et ledit sieur Martin, après lecture, a signé.

. Signature de l'exposant.

S'il ne sait ou ne peut signer, le Juge de paix le constate à la fin de son procès-verbal; après le mot lecture il ajoute : « lequel a déclaré ne savoir ou ne pouvoir signer. » — Sur quoi nous Juge de paix sus-dénommé, vu la requète qui précède et qui nous a été présentée le..... heure de..... par le sieur Jules Martin, cultivateur, demeurant à Boulogne-sur-Seine, avenue de la Reine, n° 24, et vu l'article 7 de la loi du 2 août 1884; nommons (prénoms , noms , professions et demeures des experts ou de l'expert) experts à l'effet de procéder à l'examen du cheval dont s'agit, constater son état, les vices rédhibitoires dont il peut être atteint. En cas de mort, en rechercher les causes, soit par l'examen extérieur du cadavre, soit par l'autopsie et du tout, dresser procès-verbal pour être, après son dépôt, par les parties conclu et par le Tribunal statué ce qu'il appartiendra. De tout quoi, nous avons dressé le présent procès-verbal que nous avons signé avec le greffier. Fait à... en notre prétoire les jour, heure, mois et au susdits. Signature du Juge de paix et du greffier.

Nota. L'acheteur demandant à être dispensé de l'appel à l'expertise le déclarera au Juge de paix, en indiquant le motif, sur lequel il fonde cette demande.

Ces déclarations seront énoncées dans le procès-verbal.

Si le Juge de paix dispense de l'appel à l'expertise, il ajoutera, à la fin de son ordonnance : Vu la demande du sieur Martin d'être dispensé de l'appel à l'expertise par le motif : que le délai de garantie expirant ce jourd'hui, il n'aurait pas le temps nécessaire pour accomplir cette formalité; et, vu l'article 8 de la loi du 2 août 1884, dispensons le sieur Martin de l'appel à l'expertise.

Au cas de refus de cette dispense, le Juge de paix en énoncera le motif.

L'acheteur se bornant à demander une réduction de prix, le déclarera dans son exposé.

Dans ce cas, la mission des experts comprendra d'arbitrer la réduction de prix résultant du vice rédhibitoire qu'ils auront constaté et le chef de la mission relatif à l'autopsie sera supprimé.

Formule 2.

A Monsieur le Juhe de paix du canton de Neuilly, département de la Seine.

M. Jules Martin, cultivateur, demeurant à Boulogne-sur-Seine, avenue de la Reine, n° 24. — A l'honneur de vous exposer : qu'il a le... acheté du sieur Durand, propriétaire, demeurant à Paris, rue Saint-Denis, n° 70, un cheval (le désigner) moyennant le prix de cinq cents francs payés comptant; que ce cheval paraît atteint du vice rédhibitoire le cornage chronique compris dans l'énumération de l'article 2 de la loi du 2 août 1884. Pourquoi l'exposant vous demande, M. le Juge de paix, en conformité de l'article 7 de ladite loi, de nommer un ou trois experts à l'effet de procéder à l'examen de ce cheval, constater le vice rédhibitoire dont il peut être atteint; en cas de mort, en rechercher les causes, soit par l'examen extérieur du cadavre, soit par l'autopsie et, du tout, dresser procès-verbal.

Fait à Neuilly le...

Signature de l'exposant.

Formule 3.

Nous (prénoms, nom) Juge de paix du canton de Neuilly, département de la Seine; vu la requête à nous présentée le... par le sieur Jules Martin, cultivateur, demeurant à Boulogne-sur-Seine, avenue de la Reine, n° 24; vu l'article 7 de la loi du 2 août 1884; nommons (noms, professions et demeures des experts) experts, à l'effet de procéder à l'examen du cheval dont s'agit, constater son état, les vices rédhibitoires dont il peut être atteint; en cas de mort, en rechercher les causes, soit par l'examen extérieur du cadavre, soit par l'autopsie et, du tout, dresser procès-verbal pour être, après son dépôt, par les parties conclu et par le tribunal statué ce qu'il appartiendra.

Donné en notre prétoire à Neuilly, le...

Signature du Juge de paix.

FORMULE 4.

A Monsieur le Juge de paix du canton de Neuilly, département de la Seine.

M. Jules Martin, cultivateur, demeurant à Boulogne-sur-Seine, etc..... a l'honneur de vous exposer : qu'il a le... acheté du sieur Charles Durand, propriétaire, demeurant à..., moyennant le prix de cinq cents francs payés comptant, un cheval (le désigner), que ce cheval paraît atteint du vice rédhibitoire appelé le cornage chronique qui est compris dans l'énumération de l'article 2 de la loi du 2 août 1884; pourquoi l'exposant vous demande, M. le Juge de paix, en conformité de l'article 7 de ladite loi, de nommer un ou trois experts à l'effet de procéder à l'examen du cheval dont s'agit, constater le vice rédhibitoire dont il peut être atteint; en cas de mort, en rechercher les causes, soit par l'examen extérieur du cadavre, soit par l'autopsie. Que le délai de garantie expirant demain, l'exposant n'a plus le temps nécessaire pour appeler son vendeur à l'expertise et qu'il vous demande, en outre, conformément à l'article 8 de la loi du 2 août 1884, de le dispenser de la formalité de l'appel à l'expertise.

Fait à Boulogne-sur-Seine, le...

Signature de l'exposant.

Formule 5.

Nous, (prénoms et nom) Juge de paix du canton de Neuilly, département de la Seine. — Vu la requête à nous présentée le... par le sieur Jules Martin, cultivateur, demeurant à... ; vu l'article 7 de la loi du 2 août 1884; nommons (noms, professions et demeures des experts ou de l'expert) experts à l'effet de procéder à l'examen du cheval dont s'agit, en constater l'état, les vices rédhibitoires dont il peut être atteint; en cas de mort, en rechercher les causes, soit par l'examen extérieur du cadavre, soit par l'autopsie et, du tout, dresser procès-verbal pour, après son dépôt, être, par les parties, conclu, et par le tribunal statué ce qu'il appartiendra. — Et vu l'impossibilité, pour le sieur Martin, à raison du peu de temps qui lui reste avant l'expiration du délai de garantie et l'article 8 de la loi du 2 août 1884, le dispensons d'appeler le sieur Durand, son vendeur, à l'expertise.

Donné en notre prétoire à Neuilly, le...

Signature du Juge de paix.

Formule 6.

A Monsieur le Juge de paix du canton de Neuilly,
département de la Seine.

M. Jules Martin, cultivateur, demeurant à... etc. a l'honneur de vous exposer : que le... il a acheté

du sieur Charles Durand, propriétaire, demeurant
à..., moyennant le prix de cinq cents francs payés
comptant, un lot de quarante moutons qui lui ont
été livrés le... — Qu'un de ces animaux paraît
atteint de la clavelée qui, d'après l'article 2 de la
loi du 2 août 1884, constitue un vice rédhibitoire.
Pourquoi l'exposant vous demande, M. le Juge de
paix, en conformité de l'article 7 de ladite loi, de
nommer un ou trois experts à l'effet de... (pour le
surplus, comme à la formule 2).

Fait à... le...

Signature de l'exposant.

FORMULE 7.

*A Monsieur le Juge de paix du canton de Neuilly,
département de la Seine.*

M. Jules Martin, cultivateur, demeurant à..., a
l'honneur de vous exposer : que le... il a acheté
du sieur Charles Durand, propriétaire, demeurant
à..., moyennant le prix de cinq cents francs payés
comptant, un cheval (le désigner). — Que ce cheval
paraît atteint du vice rédhibitoire appelé le cornage
chronique, lequel est compris dans l'énumération
de l'article 2 de la loi du 2 août 1884. — Qu'à
raison de ce vice, l'exposant entend, en conformité
de l'article 3 de ladite loi, demander au sieur
Durand une réduction de prix. Pourquoi l'exposant
vous demande, M. le Juge de paix, selon l'article 7
de la même loi, de nommer trois experts à l'effet de

12

procéder à l'examen de ce cheval, en constater l'état, le vice rédhibitoire dont il peut être atteint et arbitrer la réduction de prix qui doit en résulter.

Fait à... le...

Signature de l'exposant.

Formule 8.

Nous (prénoms, nom) Juge de paix du canton de Neuilly, département de la Seine, vu la requête à nous présentée par le sieur Martin le... ; vu les articles 3 et 7 de la loi du 2 août 1884 ; nommons (noms, professions et demeures des trois experts) experts à l'effet de constater l'état du cheval dont s'agit, le vice rédhibitoire dont il peut être atteint et, dans ce cas, arbitrer la réduction de prix qui doit en résulter et, du tout, dresser procès-verbal, pour, après son dépôt, être par les parties conclu et le tribunal statué ce qu'il appartiendra.

Donné à Neuilly, le...

Signature du Juge de paix.

Formule 9.

L'an... le... heure de... Par devant nous (prénoms, nom et résidence de l'huissier) est comparu en notre cabinet, le sieur Jules Martin, cultivateur demeurant à Boulogne-sur-Seine, avenue de la Reine, n° 24, lequel nous a exposé : qu'il a le... acheté du sieur Charles Durand, propriétaire, demeurant à Paris, rue Saint-Denis, n° 70, moyennant le prix de cinq cents francs payés comptant, un cheval (le désigner) ; que cet animal paraît atteint du vice rédhibitoire appelé le cornage chronique ; que ce jourd'hui à... heure de... l'exposant s'est rendu au prétoire de la Justice de paix du canton de Neuilly pour présenter à M. le Juge de paix de ce canton, une requête lui demandant de nommer des experts pour constater, s'il y a lieu, le vice rédhibitoire dont s'agit ; que M. le Juge de paix ne s'y trouvant pas, l'exposant s'est rendu à son domicile à... rue... nº... où il ne l'a pas, non plus, trouvé ; que l'exposant s'est, alors, rendu au domicile des deux Juges de paix suppléants à... rue... nº... et rue... nº... où ils ne se trouvaient pas. Que l'exposant étant, ainsi, dans l'impossibilité de faire rendre ce jourd'hui, l'ordonnance nommant les experts, et le délai de garantie expirant ce jourd'hui, il nous requiert de constater, immédiatement, qu'il a fait ce jourd'hui les diligences nécessaires pour faire nommer les experts et qu'il s'est trouvé dans l'impossibilité de faire rendre l'ordonnance les nommant, et a signé (suit la signature) ; sur quoi, nous huissier susdit et soussigné obtempérant à la réquisition du sieur Martin, nous nous sommes transporté au prétoire de la Justice de paix du canton de Neuilly, où nous avons constaté que M. le Juge de paix ne s'y trouvait pas, de là, nous nous sommes rendu à son domicile à... rue... nº... où nous avons, également, constaté qu'il ne s'y trouvait pas ; nous nous sommes ensuite rendu au domicile de MM. les Juges de paix suppléants à... rue... n°... et à... rue... n°... où nous avons aussi constaté qu'ils ne s'y trouvaient pas. Nous avons ainsi constaté que l'exposant, malgré ses diligences, se trouve dans l'impossibilité de faire rendre, ce jourd'hui, l'ordonnance nommant les experts : de tout quoi nous avons dressé le présent procès-verbal dont le coût est de...

Signature de l'huissier.

Nota. L'huissier lui-même étant absent, empêché ou ayant sa résidence trop éloignée pour qu'avant la fin de la journée, il puisse s'y rendre et faire les constatations, l'acheteur devra faire constater par le maire ou, à son défaut, par l'adjoint le remplaçant ou même, à son défaut, par le conseiller municipal le remplaçant, l'impossibilité où il aura été de faire répondre sa requête.

Leurs constatations seront faites en la forme qu'il leur conviendra d'adopter.

Formule 10.

L'an... le..., à la requête du sieur Jules Martin, cultivateur, demeurant à Boulogne-sur-Seine, avenue de la Reine n° 24, pour lequel domicile est élu en ma demeure, j'ai (immatricule de l'huissier) soussigné signifié et, en tête de celle des présentes, laissé copie au sieur Charles Durand, propriétaire, demeurant à Paris, rue Saint-Denis n° 70, où étant et parlant à... d'une requête présentée par le requérant, le... à M. le Juge de paix du canton de Neuilly, département de la Seine, et de l'ordonnance rendue par ce magistrat le... enregistrée, laquelle a nommé (noms des experts) experts à l'effet d'examiner le cheval vendu au requérant, par le sieur Durand susnommé et de constater le vice rédhibitoire dont il paraît atteint : à ce que le dit sieur Durand n'en ignore et je lui ai, à pareilles requête, demeure et élection de domicile que dessus, huissier susdit et soussigné étant et parlant comme dit est, fait sommation de se trouver le..., heure de... (indiquer le lieu où se trouve l'animal), pour assister aux constatations, auxquelles il sera procédé par les dits experts. Déclarant au dit sieur Durand qu'il sera procédé à ces constatations tant en son absence que présence. — A ce que le susnommé n'en ignore et je lui ai, étant et parlant comme dit, laissé copie du présent dont le coût est de...

Signature de l'huissier.

FORMULE 11.

L'an... le... heure de... Je soussigné (prénoms, nom, profession et demeure de l'expert), expert nommé par une ordonnance rendue le..., par M. le Juge de paix du canton de Neuilly enregistrée, laquelle est conçue en ces termes : (copier l'ordonnance) me suis, en exécution de cette ordonnance, transporté les jour et heure que des-

12.

sus à... (désigner le lieu où se trouve l'animal) : j'y ai trouvé le sieur Jules Martin, cultivateur, demeurant à Boulogne-sur-Seine, avenue de la Reine n° 24 et le sieur Charles Durand, propriétaire, demeurant à Paris, rue Saint-Denis n° 70 lequel avait été appelé à l'expertise. — Les sieurs Martin et Durand m'ont présenté un cheval (le désigner) qu'ils m'ont dit être celui qui a été vendu par le sieur Durand au sieur Martin et qui fait l'objet de leur contestation. Le sieur Martin m'a exposé (rapporter les explications fournies). — Le sieur Durand de son côté m'a fourni les explications suivantes : (les rapporter). — J'ai provoqué et recherché tous les renseignements de nature à m'éclairer. — Le sieur Martin m'a présenté : 1° le sieur Félix David (profession et demeure) et 2° le sieur Adolphe Legrand (profession et demeure) comme pouvant, tous deux, me fournir des renseignements. — J'ai entendu le sieur David qui m'a déclaré : rapporter ses déclarations). J'ai entendu aussi, le sieur Legrand qui m'a déclaré : (rapporter ses déclarations). — Le sieur Durand m'a aussi présenté : 1° M. Henri Simon (profession et demeure) et 2° M. Antoine Fournier (profession et demeure) comme pouvant, tous deux, me fournir des renseignements. — J'ai entendu le sieur Simon (rapporter ses explications). J'ai entendu aussi le sieur Fournier (rapporter ses explications). Après ces explications fournies et ces renseignements recueillis, j'ai procédé à l'examen du cheval dont s'agit (suivent les constatations). — Il résulte de ces constatations que mon avis est : que ce cheval est atteint du vice rédhibitoire le cornage chronique. — J'ai sursis au (date), pour clore le présent procès-verbal et ce jour heure de..., je me suis présenté devant M. le Juge de paix du canton de Neuilly en son prétoire et devant ce magistrat, j'ai affirmé, par serment, la sincérité de mes opérations et j'ai aussitôt après, clos mon procès-verbal.

Clos à Neuilly le présent procès-verbal le...

Signature de l'expert.

Nota. Le vendeur, quoique appelé à l'expertise, ne se présentant pas, l'expert le constate.

L'acheteur qui a été dispensé par l'ordonnance d'appeler le vendeur à l'expertise, le déclarera à l'expert.

L'expertise nécessitant plusieurs visites de l'animal, l'expert l'énoncera dans son procès-verbal, en indiquant la date de chacune de ses visites et les constatations qu'il aura faites à chacune des visites.

Trois experts ayant été nommés, le procès-verbal sera ainsi commencé : Nous (prénoms, noms, professions et demeures des experts) experts, etc.., et pour le surplus, on se conformera à la présente formule et aux règles que nous avons exposées nos **141, 142**.

Formule 12.

L'an... le... heure de... Nous (prénoms, noms, professions et demeures des trois experts) experts nommés par une ordonnance rendue par M. le Juge de paix du canton de Neuilly, département de la Seine, le... enregistrée, laquelle est conçue en ces termes : (rapporter l'ordonnance). Nous nous sommes en exécution de cette ordonnance, transportés les jour et heures sus énoncés à (désigner le lieu où se trouve l'animal) et y avons trouvé le sieur Jules Martin, cultivateur, demeurant à Boulogne-sur-Seine avenue de la Reine n° 24 et le sieur Charles Durand, propriétaire, demeurant à Paris, rue Saint-Denis, n° 70 qui avait été appelé à l'expertise. Ils nous ont présenté un cheval (le décrire) qu'ils nous ont dit être celui que le sieur Durand a vendu au sieur Martin, moyennant le prix de cinq cents francs, et qui fait l'objet de leur contestation. — Le sieur Martin nous a exposé que, selon lui, ce cheval serait atteint du vice rédhibitoire le cornage chronique ; que ce vice aurait pour résultat de réduire sa valeur et qu'il nous demandait d'arbitrer le montant de la réduction. — Le sieur Durand a répondu (rapporter ses explications). — Nous avons recueilli tous les renseignements de nature à nous éclairer et entendu (indiquer les personnes entendues, en rapportant leurs déclarations(; nous avons ensuite procédé à l'examen du cheval (décrire l'animal et les constatations dont il est l'objet). — Il résulte de nos constatations que le cheval dont s'agit est atteint du vice rédhibitoire le cornage chronique et nous arbitrons que l'existence de ce vice a pour conséquence de réduire de 200 fr. le prix de cinq cents francs, moyennant lequel il a été vendu. — Nous avons sursis au (date), pour clore notre procès-verbal et ce jour, heure de..., avant de clore le dit procès-verbal, nous nous sommes présentés devant M. le Juge de paix du canton de Neuilly en son prétoire et nous avons, devant ce magistrat, affirmé, par serment, la sincérité de nos opérations et avons clos notre procès-verbal.

Clos à Neuilly le présent procès-verbal le...

Signatures des trois experts.

Formule 13.

L'an... le... heure de... Je soussigné (prénoms, nom, profession et demeure de l'expert) expert nommé par une ordonnance rendue le..., par M. le Juge de paix du canton de Neuilly, département de la Seine, enregistrée, conçue en ces termes : (rapporter l'ordonnance), me suis, en exécution de la dite ordonnance, transporté les jour et heures sus énoncés à (désigner le lieu où se trouve l'animal). J'y ai trouvé le sieur Jules Martin, cultivateur, demeurant à... et le sieur Charles Durand, propriétaire, demeurant à..., ils

m'ont présenté le cadavre d'un cheval (le décrire)
qu'ils ont reconnu être le cadavre du cheval faisant
l'objet de leur contestation. Le sieur Martin m'a
exposé (rapporter ses explications). Le sieur Durand, de son côté, m'a exposé (rapporter ses
explications). J'ai, ensuite, procédé à l'examen
extérieur du cadavre et j'ai constaté (décrire l'examen extérieur du cadavre et ses résultats, en se
plaçant, surtout, au point de vue de la recherche
de la cause de la mort). — J'ai, après, procédé à
l'ouverture du cadavre et j'ai constaté (décrire les
lésions et les résultats de l'autopsie toujours au
même point de vue). — D'après les constatations
qui précèdent, mon avis est : que le cheval était
atteint du vice rédhibitoire appelé le cornage chronique et que c'est à cette cause que sa mort doit
être attribuée. — J'ai sursis au (date), pour la
clôture de mon procès-verbal et, ce jour et heure
de..., je me suis présenté devant M. le Juge de
paix du canton de Neuilly en son prétoire et j'ai,
avant de clore mon procès-verbal, affirmé par
serment, devant ce magistrat, la sincérité de mes
opérations.

Clos à Neuilly le...

Signature de l'expert.

Formule 14.

L'an... le... heure de... en notre prétoire, nous
(prénoms, nom), Juge de paix du canton de

Neuilly, département de la Seine, déclarons avoir reçu du sieur (prénoms, nom, profession et demeure de l'expert), avant la clôture de son procès-verbal, l'affirmation, par serment, de la sincérité de ses opérations.

Neuilly le...

Signature du Juge de paix.

Nota. Cette déclaration est écrite par le Juge de paix à la suite du procès-verbal.

Formule 15.

L'an... le... heure de... par devant nous (prénoms et nom), greffier de la Justice de paix du canton de Neuilly, département de la Seine, s'est présenté le sieur (prénoms, nom, profession et demeure de l'expert) lequel nous a remis pour être déposé, au rang des minutes du greffe de cette Justice de paix, le procès-verbal écrit et signé par lui contenant les constatations, auxquelles il a procédé, en exécution de l'ordonnance rendue par M. le Juge de paix de ce canton, le..., qu'il l'a nommé expert dans la contestation existant entre les sieurs Martin et Durand, à l'occasion d'un cheval vendu par ce dernier au sieur Martin, le dit procès-verbal en date au commencement du.,. et clos le...; écrit sur une feuille de papier timbré de... contenant... renvois et... mots rayés nuls et portant la mention suivante : enregistré à... le... f° v° c° reçu... Le receveur. Desquels comparution et dépôt, nous avons, en présence du comparant, dressé le présent acte qu'il a signé, avec nous, après lecture.

Signatures de l'expert et du greffier.

Formule 16.

L'an... le... à la requête du sieur Jules Martin, cultivateur, demeurant à..., pour lequel domicile est élu à Paris, rue... n°... en l'étude de M°... avoué près le Tribunal civil de première instance de la Seine, lequel est constitué et occupera pour le requérant sur l'assignation ci-après et ses suites. J'ai (immatricule de l'huissier) soussigné, donné assignation au sieur Charles Durand, propriétaire, demeurant à... où étant et parlant à... à comparaître d'hui à huitaine franche délai de la loi, à l'audience et par devant MM. les Président et Juges composant la première chambre du Tribunal civil de première instance de la Seine, séant au Palais de justice à Paris, local ordinaire de ses audiences, onze heures du matin pour : attendu que le requérant a le... acheté du sieur Martin susnommé un cheval (le désigner) moyennant le prix de 500 fr. payés comptant : attendu que ce cheval est atteint du vice rédhibitoire appelé le cornage chronique, lequel est compris dans l'énumération de l'article 2 de la loi du 2 août 1884 ;

attendu que le requérant est ainsi fondé, aux termes des articles 1 et 2 de la dite loi, à demander la résolution de la vente dont s'agit : par ces motifs, voir prononcer la résolution de la dite vente. — S'entendre en conséquence, le dit sieur Durand, condamner à payer et restituer au requérant et ce, contre la remise, par ce dernier, du cheval dont s'agit, la somme de cinq cents francs, montant du prix versé, ensemble les intérêts de ce prix à partir du jour de son versement. — S'entendre en outre, le sieur Durand, condamner à payer et rembourser au requérant la somme de deux cents francs montant des frais de nourriture, garde et entretien que le cheval dont s'agit a, jusqu'à ce jour, occasionnés au requérant, ensemble les intérêts suivant la loi. — Voir dire et ordonner, le sieur Durand, qu'il sera tenu dans les vingt-quatre heures du jugement à intervenir, de reprendre, à ses frais, le cheval dont s'agit chez le requérant, sinon et faute par lui, de ce faire, voir autoriser le requérant à faire procéder, aux risques et périls du dit sieur Durand, par tel commissaire priseur qui sera commis à cet effet, à la vente judiciaire du cheval dont s'agit, pour le produit de la dite vente, déduction faite des frais qu'elle aura occasionnés, être versé, par le commissaire priseur, au requérant sur sa simple quittance, en déduction ou jusqu'à due concurrence du montant en principal et accessoires des condamnations qui seront prononcées à son profit, à quoi faire sera le commissaire-priseur contraint et quoi fesant, bien et valablement quitte et déchargé, — S'entendre en outre, le sieur Durand, condamner aux dépens qui comprendront les frais de l'expertise et les honoraires des experts. — Sous la réserve de réclamer au sieur Durand tous autres frais de nourriture, garde et entretien qui seront par lui avancés à partir du jour des présentes.

Nota. L'instance étant intentée devant la Justice de paix ou le tribunal de commerce, la même formule sera suivie, sauf pour le délai de la comparution qui pourra être restreint à un jour franc et aussi, sauf pour la constitution d'avoué qui sera supprimée.

En outre, dans la citation devant la Justice de paix, on supprimera la partie des conclusions relatives à la reprise de l'animal et à sa vente.

L'assignation n'étant signifiée qu'après la clôture du procès-verbal des experts, il en sera donné copie, en tête de l'assignation.

FORMULE 17.

Jugement prononçant la résolution de la vente.

Le Tribunal ouï en leurs conclusions et plaidoiries... avocat assisté de... avoué du sieur Martin... avocat assisté de... avoué du sieur Durand, après en avoir délibéré conformément à la loi, jugeant en dernier ressort. Attendu que le sieur Martin a le... acheté du sieur Durand, moyennant le prix de cinq cents francs payés comptant, un cheval (le désigner). — Attendu que le sieur Martin ayant soupçonné ce cheval d'être atteint d'un vice rédhibitoire appelé le cornage chronique a le... présenté à M. le Juge de paix du canton de Neuilly, une requête à l'effet de faire nommer des experts pour constater ce vice rédhibitoire. — Attendu que, par une ordonnance rendue par ce magistrat le... enregistrée, des experts ont été nommés. — Attendu que, par exploit de... huissier à Paris, en date du... enregistré, le sieur Martin a fait signifier au sieur Durand, une sommation d'assister à l'expertise. — Attendu qu'en outre, par exploit du même huissier en date du... enregistré, le sieur Martin a assigné le sieur Durand devant ce Tribunal, en résolution de ladite vente. — Attendu qu'il résulte du procès-verbal des experts clos le... lequel a été enregistré et déposé le... au greffe de la justice de paix du canton de Neuilly, que le cheval dont s'agit est atteint du cornage chronique. — Attendu que ce vice est compris par l'article 2 de la loi du 2 août 1884 dans les cas rédhibitoires, pour l'espèce chevaline. — Attendu qu'en outre, le sieur Martin a accompli dans les délais fixés par les articles 5, 7 et 8 de la dite loi toutes les formalités, qu'elle prescrit. — Attendu que le sieur Martin est, ainsi, fondé à demander la résolution de la vente dont s'agit et la restitution du prix qu'il a versé ; par ces motifs, déclare résolue ladite vente ; Condamne le sieur Durand à payer et restituer au sieur Martin, contre la remise que celui-ci lui fera du cheval dont s'agit, la somme de cinq cents francs montant du prix que le sieur Martin lui a versé, avec les intérêts de ladite somme à partir du... jour de son versement. — Condamne, en outre, le sieur Durand à payer au sieur Martin la somme de cent francs pour les frais de nourriture, de garde et d'entretien du cheval dont s'agit, avec les intérêts de ladite somme de cent francs à partir du jour de la demande. — Dit et ordonne que dans les trois jours du présent jugement, le sieur Durand sera tenu de reprendre, à ses frais, le cheval dont s'agit ; sinon et faute, par lui, de ce faire dans ce délai et ce délai passé. le sieur Martin sera autorisé à faire vendre, aux enchères publiques et après l'accomplissement des formalités prescrites pour les ventes judiciaires, le cheval dont s'agit, aux risques et périls du sieur Durand. — Commet Mᵉ. . commissaire-priseur à Paris, pour procéder, s'il y a lieu, à ladite vente. — Dit et ordonne que le produit de la vente sera, prélèvement fait des frais de vente, versé au sieur Martin, sur sa simple quittance, en déduction ou jusqu'à due concurrence du montant, en principal et accessoires des condamnations qui sont prononcées à son profit, à quoi faire, sera le commissaire-priseur contraint et, quoi fesant, bien et valablement quitte et déchargé. — Condamne le sieur Durand aux dépens, qui comprendront les frais et honoraires de l'expertise.

Nota. La même formule sera suivie pour les jugements rendus par les Tribunaux de commerce et les Juges de paix.

Toutefois, ces derniers jugements ne comprendront pas les dispositions relatives à la reprise et à la vente de l'animal.

FORMULE 18.

L'an... le... à la requête du sieur Jules Martin, cultivateur, demeurant à... pour lequel requérant domicile est élu à Paris, rue... n°... en l'étude de M°... avoué prés le Tribunal civil de première instance de la Seine lequel est constitué et occupera pour le requérant sur l'assignation ci-après et ses suites : J'ai (immatricule de l'huissier) soussigné donné assignation au sieur Charles Durand, propriétaire, demeurant à... où étant et parlant à... à comparaître (comme à la formule n° 16) pour : Attendu que le requérant a acheté le... du sieur Durand, moyennant le prix de cinq cents francs payés comptant, un cheval (le désigner), attendu que ce cheval est atteint du vice rédhibitoire appelé le cornage chronique, lequel est compris dans l'énumération de l'article 2 de la loi du

2 août 1884, parmi les cas rédhibitoires de l'espèce chevaline. — Attendu que le requérant entend, en conformité de l'article 3 de ladite loi, demander, à raison de ce vice, une réduction de prix. — Attendu qu'il a le... présenté à M. le Juge de paix du canton de Neuilly, une requête à l'effet de faire nommer des experts pour constater le vice rédhibitoire dont le cheval dont s'agit est atteint, et arbitrer la réduction de prix qui doit en résulter. — Attendu que, par une ordonnance de ce magistrat rendue le... enregistrée, trois experts ont été nommés à cet effet. — Attendu que le..., par exploit de... huissier à Paris en date du... enregistré, le sieur Durand a été appelé à l'expertise; par ces motifs, voir réduire de la somme qui sera arbitrée par les experts, le prix de cinq cents francs sus-énoncé; s'entendre, en conséquence, le sieur Durand, condamner à payer et restituer au requérant le montant de cette réduction avec les intérêts de ce montant à partir du jour de son versement et s'entendre, en outre, le sieur Durand, condamner aux dépens qui comprendront les frais et honoraires de l'expertise.

Nota. Le montant de la réduction n'étant pas déterminé, cette instance ne peut être intentée devant la justice de paix.

Il en serait autrement, si la citation étant signifiée après la clôture du procès-verbal des experts, la réduction de prix arbitrée par eux ne dépassait pas 200 fr.

On suivra la même formule pour les instances à intenter devant les Tribunaux de commerce et les Justices de paix, sauf les modifications indiquées formule n° 16.

L'assignation n'étant signifiée qu'après la clôture du procès-verbal des experts, il en sera donné copie en tête de l'exploit.

FORMULE 19.

L'an... le... à la requête du sieur Charles Durand, propriétaire, demeurant à... pour lequel domicile est élu en ma demeure : J'ai (immatricule de l'huissier) soussigné signifié et déclaré au sieur Jules Martin, cultivateur, demeurant à... ou étant et parlant à... qu'en réponse à sa prétention de demander une réduction de prix, à raison de la vente que le requérant lui a faite le..., moyennant le prix de cinq cents francs, d'un cheval (le désigner), par le motif que ce cheval serait atteint du vice rédhibitoire appelé le cornage chronique ; mon requérant lui fait savoir, par les présentes, qu'il offre, en conformité de l'article 3 de la loi du 2 août 1884, de lui restituer, contre la remise de l'animal, la somme de cinq cents francs montant du prix versé, les intérêts de ce prix du jour de son versement, toutes les dépenses que le cheval lui aura occasionnées pour sa nourriture, sa garde et son entretien, les frais de la vente et ceux de la procédure suivie jusqu'à ce jour, y compris les frais et honoraires de l'expertise. — Déclarant au sieur Martin, qu'à partir du jour des présentes offres que le requérant est prêt à réaliser contre la remise du cheval et la quittance des sommes versées, tous frais ultérieurs de procédure resteront à la charge du sieur Martin qui m'a répondu (transcrire la réponse et la faire signer).

FORMULE 20.

Jugement prononçant la réduction du prix.

Le Tribunal ouï en leurs conclusions et plaidoiries... avocat assisté de... avoué du sieur Martin... avocat... assisté de... avoué du sieur Durand, après en avoir délibéré conformément à la loi, jugeant en dernier ressort ; attendu que le sieur Martin a le... acheté du sieur Durand, moyennant le prix de cinq cents francs, un cheval, le (désigner). — Attendu que le sieur Martin soupçonnant ce cheval d'être atteint du vice rédhibitoire appelé le cornage chronique, et voulant user de la faculté que lui confère l'article 3 de la loi du 2 août 1884, a le.. présenté à M. le Juge de paix du canton de Neuilly, une requête pour faire nommer des experts à l'effet de constater l'existence du vice rédhibitoire et d'arbitrer la réduction de prix qui devrait en résulter. — Attendu qu'une ordonnance rendue le... par ce magistrat et enregistrée, a nommé trois experts à cet effet. — Attendu que, par exploit de... huissier à Paris, en date du... enregistré, le sieur Durand a été appelé à l'expertise. — Attendu que par exploit de... huissier à Paris, en date du... enregistré, le sieur Martin a intenté sa demande en réduction de prix. — Attendu qu'il résulte du procès-verbal des experts clos le... enregistré, lequel a été déposé le... au greffe de la Justice de paix du canton de Neuilly, que le cheval dont s'agit est atteint du cornage chronique et que ce vice a pour résultat de réduire sa valeur et par suite le prix de 200 fr. — Attendu que ce vice le cornage chronique est compris, par l'article 2 de la loi du 2 août 1884, dans les cas rédhibitoires pour l'espèce chevaline. — Attendu, en outre, que le sieur Martin a accompli dans les délais fixés par les articles 5, 7 et 8 de ladite loi, toutes les formalités qu'ils prescrivent. — Attendu qu'il est, ainsi, fondé dans sa demande en réduction de prix, et que les experts ont arbitré cette réduction à 200 fr.; par ces motifs, dit que le prix du cheval dont s'agit sera réduit de 200 fr.; condamne, en conséquence, le sieur Durand à payer et restituer au sieur Martin la somme de 200 fr. montant de la réduction dont s'agit, avec les intérêts de ces 200 fr. à partir du... jour de leur versement. Condamne le sieur Durand

13.

aux dépens, dans lesquels seront compris les frais et honoraires de l'expertise.

Nota. La même formule sera suivie pour les jugements rendus par les Tribunaux de commerce et pour les jugements rendus par les Justices de paix.

FORMULE 21.

Entre les soussignés : M. Charles Durand, propriétaire, demeurant à Paris, rue St-Denis, n° 70. D'une part : Et M. Jules Martin, cultivateur, demeurant à Boulogne-sur-Seine, avenue de la Reine, n° 24. D'autre part : A été convenu et arrêté ce qui suit : M. Durand cède, en toute propriété, à titre d'échange, à M. Martin qui l'accepte, un cheval (le désigner). Et M. Martin cède, en toute propriété, à titre d'échange, à M. Durand qui l'accepte, un cheval (le désigner), Les soussignés reconnaissent qu'ils ont, présentement, pris livraison respective de l'animal échangé, chacun en ce qui le concerne, et, comme chacun des animaux échangés est estimé à cent francs, il n'y a lieu à aucun retour, ce qui a été accepté respectivement.

Fait double à... le...

Signatures des deux contractants.

Nota. L'acte ayant été écrit par un tiers, chacune des parties fera précéder sa signature de ces mots : approuvé l'écriture ci-dessus.

L'acte étant écrit par l'une des parties, ces mots seront seulement tracés par l'autre partie.

Formule 22.

L'an... le... à la requête du sieur Charles Durand (le surplus comme à la formule n° 16). J'ai (immatricule de l'huissier) soussigné, signifié, dénoncé et, en tête de celle des présentes, donné copie au sieur Paul David, propriétaire, demeurant à Paris, rue de Rivoli, n° 4, ou étant et parlant à... 1° de la requête présentée à M. le Juge de paix du canton de Neuilly le... par le sieur Charles Martin, cultivateur, demeurant à... ensemble de l'ordonnance rendue le même jour par ce magistrat, la dite ordonnance enregistrée ; 2° d'un exploit de... huissier à... en date du... contenant une sommation que le sieur Martin a fait signifier au requérant et 3° d'un autre exploit de... huissier à... en date du..... contenant une assignation que le sieur Martin a fait signifier au requérant, à ce que le sus-nommé n'en ignore et je lui ai, à pareilles requête, demeure, élection de domicile et constitution d'avoué que dessus, huissier susdit et soussigné, étant et parlant comme dit est, donné assignation à comparaître (le surplus comme à la formule n° 16) pour : Attendu que le sieur Durand requérant à le... revendu au sieur Martin, le cheval (le désigner) qu'il avait le... acheté du sieur David sus-nommé. — Attendu que le sieur Martin prétendant que ce cheval serait atteint du vice rédhibitoire appelé le cornage chronique a, par la procédure dont copie est donnée en tête de celle des présentes, intenté contre le requérant une demande en résolution de la vente que ce dernier lui a consentie. — Attendu que le délai de garantie, à raison de la vente que le sieur David avait faite de ce cheval au requérant, n'est pas expiré. — Attendu que, dès lors, le requérant est fondé à exercer contre le dit sieur David l'action récursoire en garantie. — Par ces motifs, voir le sieur David, dans le cas où la demande du sieur Martin contre le requérant serait admise, prononcer la résolution de la vente que le dit sieur David avait faite au requérant du cheval dont s'agit. — S'entendre, en conséquence, le sieur David, condamner à payer et restituer au requérant la somme de 300 fr. montant du prix par lui versé, ensemble les intérêts de cette somme à partir du... jour de son versement, voir dire et ordonner, en outre, que, dans les vingt-quatre heures du jugement à intervenir, (le surplus, pour la reprise et la vente du cheval, comme à la formule n° 16) et s'entendre, en outre, le sieur David, condamner aux dépens, y compris ceux faits sur la demande principale.

Nota. Le demandeur principal ayant réclamé les dépenses occasionnées par l'animal, il devra être conclu au remboursement de ces dépenses dans l'assignation en garantie.

La même formule sera suivie pour les demandes récursoires en garantie intentées devant les Tribunaux de commerce et les Justices de paix, sauf les modifications indiquées (formule n° 16).

La citation devant les Juges de paix ne comprendra pas les conclusions relatives à la reprise et à la vente de l'animal.

Formule 23.

L'an... le... à la requête du sieur Jules Martin cultivateur, demeurant à... pour lequel domicile est élu en ma demeure. J'ai (immatricule de l'huissier) soussigné fait sommation au sieur Charles Durand, propriétaire, demeurant à... où étant et parlant à... de, immédiatement et sans délai, livrer au requérant (désigner l'animal) que le dit sieur Durand lui a vendu le... moyennant le prix de cinq cents francs. — Déclarant au dit sieur Durand qu'à défaut, par lui, de satisfaire à la présente sommation, le délai de garantie des vices rédhibitoires cessera de courir à partir du jour des présentes, comme aussi, à partir de ce jour, le cheval dont s'agit sera aux risques et périls du dit sieur Durand. A ce que le sus-nommé n'en ignore et je lui ai, étant et parlant comme dessus, laissé copie du présent dont le coût est de...

Formule 24.

L'an... le... à la requête du sieur Charles Durand propriétaire, demeurant à... pour lequel domicile est élu en ma demeure. J'ai (immatricule de l'huissier) soussigné fait sommation au sieur Jules Martin, cultivateur, demeurant à... où étant et parlant à... — de, immédiatement et sans délai, prendre livraison du cheval (le désigner) que le requérant lui a vendu le... moyennant le prix de cinq cents francs ; — déclarant au dit sieur Martin, qu'à défaut de satisfaire à la présente sommation, le délai de garantie des vices rédhibitoires commencera à courir à partir du lendemain du jour des présentes et, qu'en outre, le cheval dont s'agit sera aux frais, risques et périls du dit sieur Martin sus-nommé, le requérant n'entendant avoir ce cheval qu'en fourrière et pour le compte du dit sieur Martin. A ce que le sus-nommé n'en ignore et je lui ai, étant et parlant comme dit est, laissé copie du présent dont le coût est de...

Formule 25.

L'an... le... à la requête du sieur Charles Durand propriétaire, demeurant à... pour lequel domicile est élu en ma demeure. J'ai (immatricule de l'huissier) soussigné, signifié et déclaré au sieur Jules Martin, cultivateur, demeurant à... où étant et parlant à... que la condition suspensive, à laquelle, avait été subordonnée la vente que le requérant a le... faite au dit sieur Martin, d'un cheval (le désigner) s'étant réalisée, il est fait sommation au dit sieur Martin, de prendre, immédiatement, livraison du cheval dont s'agit et d'en payer le prix. — Déclarant au dit sieur Martin que le délai de garantie des vices rédhibitoires commencera à courir le lendemain du jour des présentes et que le dit animal sera aux frais, risques et périls du sieur Martin. A ce que le susnommé n'en ignore et je lui ai, étant et parlant comme dit est, laissé copie du présent dont le coût est de...

FORMULE 26.

L'an... le... à la requête du sieur Charles Durand propriétaire, demeurant à... (le surplus comme à la formule n° 16). J'ai (immatricule de l'huissier), soussigné, donné assignation au sieur Jules Martin, cultivateur, demeurant à... où étant et parlant à... à comparaître le... heure du... devant M. le Président du tribunal civil de... tenant l'audience des référés de ce tribunal au Palais de justice à Paris pour : Attendu que le requérant a le... vendu au sieur Martin un cheval (le désigner); que le jour de la livraison avait été fixé au...; attendu que le dit sieur Martin n'ayant pas pris, ce jour, livraison du cheval dont s'agit, le requérant lui a, par exploit de... huissier à... en date du... enregistré, fait sommation de prendre livraison du dit cheval; que cette sommation est restée infructueuse et que, dars ces circonstances, le requérant est fondé à se faire autoriser à mettre le cheval dont s'agit en fourrière. Par ces motifs voir autoriser le requérant à mettre en fourrière le cheval dont s'agit chez (désigner le nom et domicile) ou chez toute autre personne qui sera désignée à cet effet par M le Président, après, toutefois, que, préalablement, l'état de santé et d'entretien du dit cheval aura été constaté par tel expert qui sera commis à cet effet. — Voir ordonner l'exécution provisoire de l'ordonnance à intervenir nonobstant appel sans caution.

Nota. Lorsque le marché aura été conclu entre deux commerçants ou entre deux personnes ayant fait acte de commerce, la mise en fourrière ne pourra pas être autorisée par une ordonnance de référé ; on devra procéder, en suivant la même formule, par voie d'assignation devant le Tribunal de commerce. Il sera, alors. conclu à la condamnation aux dépens.

Formule 27.

L'an... le... à la requête du sieur Jules Martin cultivateur, demeurant à... (le surplus comme à la formule n° 16). J'ai (immatricule de l'huissier) soussigné, donné assignation au sieur Charles Durand, propriétaire, demeurant à... où étant et parlant à... à comparaître le... (le surplus comme à la formule n° 26) pour: Attendu que le requérant a le... acheté du sieur Durand un cheval (le désigner);

attendu que ce cheval étant atteint du vice rédhibitoire appelé le cornage chronique lequel est compris dans l'énumération de l'article 2 de la loi du 2 août 1884, le requérant a accompli les formalités prescrites par cette loi et assigné le dit sieur Durand en résolution de la dite vente ; attendu que, par une ordonnance de référé rendue le... par M. le Président de ce tribunal enregistrée, le requérant a été autorisé à mettre le cheval dont s'agit en fourrière chez le sieur... où il se trouve en ce moment. Que l'instance en résolution de la dite vente pouvant se prolonger, il est de l'intérêt des parties, pour éviter des frais de fourrière qui, chaque jour, s'augmentent ; qu'il soit procédé à la vente du dit cheval aux risques et périls de qui il appartiendra ; par ces motifs, voir autoriser le requérant à faire procéder, par tel commissaire-priseur qui sera commis à cet effet, à la vente aux risques et périls de qui il appartiendra, aux enchères publiques et avec les formalités prescrites pour les ventes judiciaires, du cheval dont s'agit, pour le produit de la dite vente être, déduction faite des frais de vente, déposé, par le commissaire-priseur à la caisse des dépôts et consignations et être, ultérieurement, remis à qui il appartiendra. Voir ordonner l'exécution provisoire de l'ordonnance à intervenir nonobstant appel sans caution.

Nota. La contestation existant entre deux commerçants, ou entre deux personnes ayant fait acte de commerce, la vente ne pourra être autorisée par une ordonnance de référé.

On procédera, en suivant la même formule, par voie d'assignation, devant le tribunal de commerce.

Cette assignation ne comprendra pas de constitution d'avoué et il y sera conclu à la condamnation aux dépens.

FORMULE 28.

Nous (prénoms, nom) Juge de paix du canton de Neuilly, département de la Seine, vu la demande qui nous a été faite par le sieur Jules Martin, cultivateur, demeurant à..., vu l'urgence et l'article 6 du code de procédure civile; autorisons le dit sieur Marttn à faire citer devant nous, sans billet d'avertissement préalable, le sieur Pierre David, propriétaire, demeurant à Neuilly... pour demain six avril 1886, en notre prétoire, heure de midi précis.

Donné à Neuilly, le cinq avril 1886.

Signature du Juge de paix.

FORMULE 29.

L'an... le... à la requête du sieur Charles Martin, cultivateur, demeurant à... (le surplus comme à la formule n° 16) J'ai (immatricule de l'huissier) soussigné donné assignation au sieur Jules

Durand, propriétaire, demeurant à... ou étant et parlant à... à comparaître le... (le surplus comme à la formule n° 26) pour : Attendu que le requérant a le... acheté du sieur Durand sus-nommé un cheval (le désigner) ; Attendu que le dit sieur Durand a garanti que ce cheval n'était pas atteint du vice de méchanceté lequel n'est pas compris dans l'énumération de l'article 2 de la loi du 2 août 1884 ; attendu que le cheval dont s'agit est atteint de ce vice, et que le requérant entend, à raison de ce vice, se pourvoir, ainsi que de droit, pour faire prononcer la résolution de la vente ; mais qu'il importe, qu'au préalable et, sans aucun retard, et tous droits réservés, un expert soit nommé à l'effet de constater, s'il y a lieu, l'existence du vice dont s'agit : par ces motifs, voir commettre tel expert qu'il plaira à M. le Président désigner à l'effet de procéder à l'examen du dit cheval, constater son état de santé et d'entretien, constater en outre, s'il y a lieu, qu'il est atteint du vice de méchanceté, pour du tout, être dressé un rapport, après le dépôt duquel, il sera, par les parties conclu et le tribunal statué ce qu'il appartiendra. — Voir ordonner l'exécution provisoire de l'ordonnance à intervenir nonobstant appel sans caution.

Nota. La contestation existant entre deux commerçants ou entre deux personnes n'ayant pas fait acte de commerce, l'expert ne pourra pas être nommé par une ordonnance de référé.

On devra se pourvoir devant le Tribunal de commerce, par voie d'assignation, dans laquelle il sera conclu aux dépens.

La demande en résolution de la vente sera intentée par cette assignation, dans laquelle il sera conclu, subsidiairement, à la nomination de l'expert.

FORMULE 30.

Nous, Président du Tribunal civil de... tenant l'audience des référés de ce Tribunal, assisté de... greffier, après avoir entendu... avoué du sieur Martin et... avoué du sieur Durand ; attendu qu'il est de l'intérêt de toutes les parties et qu'il y a urgence à ce qu'il soit immédiatement constaté si, comme le prétend le sieur Martin, le cheval que le sieur Durand lui a vendu est atteint du vice de méchanceté ; par ces motifs, disons que par (nom et profession de l'expert) que nous commettons à cet effet, le cheval dont s'agit sera examiné pour constater son état de santé et d'entretien et donner son avis sur l'existence du vice de méchanceté dont le sieur Martin prétend ce cheval atteint ; du tout, dresser un rapport pour, après son dépôt, être par les parties conclu et le tribunal statué ce qu'il appartiendra. Ordonnons l'exécution provisoire de la présente ordonnance nonobstant appel et sans caution le... (Signatures du président et du greffier.)

Nota. Cette ordonnance est signifiée avec sommation d'assister à l'expertise.

Formule 31.

L'an... le... à la requête du sieur Charles Martin, cultivateur, demeurant à... (le surplus comme à la formule n° 16). J'ai (immatricule de l'huissier) soussigné, signifié et en tête de celle des présentes, laissé copie au sieur Charles Durand, propriétaire demeurant à... où étant et parlant à... du rapport dressé le... par le sieur... expert, ledit rapport enregistré et déposé le... au greffe de ce tribunal. A ce que le sus-nommé n'en ignore et je lui ai (le surplus comme à la formule n° 22) pour : attendu que le... le requérant a acheté du sieur Durand susnommé un cheval (le désigner) moyennant le prix de cinq cents francs payés comptant ; — Attendu que, lors du marché, il a été convenu que le sieur Durand garantissait que le cheval dont s'agit n'était pas atteint du vice de méchanceté, lequel n'est pas compris dans l'énumération de l'article 2 de la loi du 2 août 1884 ; — attendu qu'il résulte du rapport des experts nommés par une ordonnance de référé rendue le... par M. le Président de ce tribunal, que ledit cheval est atteint de ce vice ; — attendu que le requérant est fondé à demander la résolution de la vente dont s'agit, la restitution du prix qu'il a versé et le remboursement des dépenses que le cheval dont s'agit lui a occasionnées ; par ces motifs, voir prononcer la résolution de ladite vente : s'entendre, en conséquence, le sieur Durand, condamner à payer et restituer au requérant, contre la remise du cheval, la somme de cinq cents francs montant des causes sus-énoncées avec les intérêts de ladite somme à partir du... jour de son versement ; s'entendre, en outre, condamner à payer et rembourser au requérant la somme de cent francs montant des dépenses de nourriture et d'entretien que ledit cheval a occasionnées ; voir dire et ordonner (les conclusions relatives à la reprise et à la vente de l'animal, comme à la formule n° 16) et s'entendre le sieur Durand condamner aux dépens qui comprendront les frais et les honoraires de l'expertise.

Nota. Cette assignation ne sera signifiée qu'après l'accomplissement des formalités du préliminaire de conciliation, à moins que le demandeur n'ait été autorisé, par une ordonnance du Président du Tribunal civil, à assigner à bref délai.

Pour les affaires de la compétence du Juge de paix, la citation se conformera à cette formule, sauf la suppression de la constitution d'avoué et de la partie des conclusions relatives à la reprise et à la vente de l'animal.

Le délai pour la comparution, au lieu d'être de huit jours francs, sera d'un jour franc.

FORMULE 32.

. L'an... le... à la requête du sieur Charles Martin, cultivateur, demeurant à... (le surplus comme à

la formule n° 22). J'ai (immatricule de l'huissier)
soussigné, donné assignation au sieur Jules Durand,
propriétaire, demeurant à... (le surplus comme à
la formule n° 16) pour : attendu que le réqué-
rant a le... acheté... (le snrplus comme à la formule n° 31 jusqu'à la fin du second motif) ; attendu
que le cheval dont s'agit est atteint du vice de
méchanceté (le surplus comme à la formule n° 31)
(pour la reprise et la vente de l'animal comme
à la formule n° 16) ajouter : Voir toutefois, au
cas où le sieur Durand contesterait l'existence du
vice de méchanceté, nommer tels experts qu'il
plaira au Tribunal, lesquels seront dispensés du
serment, à l'effet de constater que l'animal dont
s'agit est atteint du vice de méchanceté ; pour, de
leurs constatations, être dressé procès-verbal et, pour
être, après son dépôt, conclu par les parties et
statué par le Tribunal ce qu'il appartiendra et
s'entendre, en outre, le sieur Durand, condamner
aux dépens qui comprendront les frais et honoraires
de l'expertise.

Nota. La citation devant le Juge de paix et
l'assignation devant le Tribunal de commerce, aux
mêmes fins, seront rédigées, suivant la même
formule, sauf la suppression de la constitution
d'avoué et le délai pour la comparution qui sera
modifié.

Dans la citation devant le Juge de paix, on
supprimera, en outre, les conclusions relatives à la
reprise et à la vente de l'animal.

Formule 33.

Le Tribunal ouï, en leurs conclusions et plaidoiries... agréé du sieur Martin, et... agréé du sieur Durand, après en avoir délibéré conformément à la loi, jugeant en dernier ressort ; attendu que le... le sieur Martin a acheté du sieur Durand, un cheval (le désigner), moyennant le prix de cinq cents francs payés comptant ; attendu qu'il est justifié que le sieur Durand a garanti que le cheval dont s'agit n'était pas atteint du vice de méchanceté ; attendu que le sieur Martin prétendant qu'il serait atteint de ce vice, demande la résolution de la vente et la restitution du prix qu'il a versé, comme aussi la restitution des dépenses que l'animal lui a occasionnées : attendu que le sieur Durand soutient, au contraire, que le cheval dont s'agit ne serait pas atteint du vice de méchanceté ; attendu que les parties étant, ainsi, contraires en fait, il y a lieu d'ordonner une expertise ; par ces motifs, nomme (noms, professions des experts) experts, lesquels sont, du consentement des parties, dispensés du serment, à l'effet de procéder à l'examen du cheval dont s'agit, constater son état de santé et d'entretien et donner leur avis sur l'existence du vice de méchanceté dont le sieur Martin prétend que ledit animal serait atteint et du tout dresser un rapport pour, après son dépôt, être par les parties conclu et le tribunal statué ce qu'il appartiendra. Ordonne l'exécution provisoire du présent jugement nonobstant appel sans caution; dépens réservés.

FORMULE 34.

A Monsieur le Président du Tribunal de commerce de la Seine.

M. Charles Martin, cultivateur, demeurant à... a l'honneur de vous exposer : qu'il a le... acheté du sieur Durand, propriétaire, demeurant à... un cheval (le désigner) moyennant le prix de cinq cents francs payés comptant; que le sieur Durand a garanti à l'exposant que le cheval dont s'agit n'était pas atteint du vice de méchanceté lequel n'est pas compris dans l'énumération de l'article 2 de la loi du 2 août 1884; que ledit cheval est atteint de ce vice et que l'exposant entend, à raison de ce motif, assigner le sieur Durand devant ce tribunal en résolution de ladite vente; qu'il y a urgence à ce que le sieur Durand soit assigné pour l'audience de demain jeudi, afin que, s'il conteste l'existence de ce vice, des experts soient immédiatement nommés pour le constater; pourquoi l'exposant demande, conformément à l'article 417 du Code de procédure civile, à être autorisé à assigner le sieur Durand devant ce tribunal à l'audience de demain six juin mil huit cent quatre-vingt-six. Paris, le... Signature de l'exposant.

Nota. Cette requête est transcrite sur une feuille de papier timbré.

14

Formule 35.

Nous Président du Tribunal de commerce de
la Seine, vu la requête à nous présentée par le
sieur Martin; vu l'urgence et l'article 417 du
Code de procédure civile; autorisons le sieur Martin à assigner le sieur Durand devant ce tribunal
à l'audience de demain jeudi, six juin mil huit cent
quatre-vingt-six. Fait à Paris le cinq juin mil
huit cent quatre-vingt-six. Signature du Président.

Nota. Cette ordonnance est mise au bas de la
requête; elle doit être enregistrée et signifiée avec
la requête, en tête de la copie de l'assignation.

Formule 36.

L'an... le... en vertu de l'ordonnance rendue par
M. le Président du Tribunal de commerce de la
Seine le... enregistrée et dont copie, avec celle de
la requête, est donnée en tête de celle des présentes et à la requête du sieur Charles Martin, cultivateur, demeurant à... pour lequel domicile est
élu en ma demeure; j'ai (immatricule de l'huissier)
soussigné, donné assignation au sieur Jules Durand, propriétaire, demeurant à... où étant et parlant à... à comparaître le... à l'audience et par
devant MM. les Président et Juges composant le
Tribunal de commerce du département de la Seine

sis à Paris en la Cité, dix heures du matin :
pour : attendu que le... le requérant a acheté du
sieur Durand susnommé un cheval (le désigner)
moyennant le prix de cinq cents francs payés
comptant. Attendu que le sieur Durand a garanti
au requérant que le cheval dont s'agit n'était
pas atteint du vice de méchanceté lequel n'est pas
compris dans l'énumération de l'article 2 de la loi
du 2 août 1884 : attendu que le dit cheval est
atteint du vice sus énoncé; attendu qu'à raison
de l'existence de ce vice, le requérant est fondé à
demander la résolution de la vente et la restitution
du prix versé et le remboursement du montant
des dépenses que le cheval dont s'agit lui a occasionnées, par ces motifs; (suivent les conclusions de
la formule nº 16, auxquelles il est ajouté les conclusions afin de nomination d'experts (formule nº 32),
voir ordonner l'exécution provisoire du jugement
à intervenir nonobstant appel sans caution et s'entendre, en outre, le sieur Durand, condamner aux
dépens.

Formule 37.

Le Tribunal ouï en leurs conclusions et plaidoiries... avocat assisté de... avoué du sieur Martin et... avocat assisté de... avoué du sieur Durand,
après en avoir délibéré conformément à la loi
jugeant en dernier ressort; attendu que le sieur
Martin a acheté le... du sieur Durand un cheval

(le désigner) moyennant le prix de cinq cents francs payés comptant. — Attendu qu'il est justifié que le sieur Durand avait garanti au sieur Martin que ce cheval n'était pas atteint du vice de méchanceté. — Attendu qu'il résulte du rapport dressé par… expert qui avait été commis à cet effet par une ordonnance de référé rendue par M. le Président de ce Tribunal le… enregistrée, le dit rapport enregistré et déposé au greffe de ce Tribunal le… que le cheval dont s'agit est atteint de ce vice. — Attendu que le sieur Martin est ainsi fondé à demander la résolution de la dite vente : par ces motifs; déclare résolue la vente dont s'agit, condamne le sieur Durand à payer et restituer au sieur Martin la somme de cinq cents francs montant du prix qu'il a versé avec les intérêts de cette somme à partir du… jour de son versement, condamne, en outre, le sieur Durand à payer au sieur Martin la somme de cent francs pour les dépenses que le cheval dont s'agit lui a occasionnées avec les intérêts à partir du jour de la demande (suivent les conclusions relatives à la reprise et à la vente de l'animal selon la formule n° 16) et condamne le sieur Durand aux dépens dans lesquels seront compris les frais et honoraires de l'expertise.

Nota : Cette formule s'applique au cas où la demande, après rapport d'expert commis par une ordonnance de référé, aura été portée devant un tribunal civil.

Cette formule sera suivie dans les instances intentées devant les Tribunaux de commerce, sauf qu'il sera énoncé que l'expert a été nommé par un précédent jugement et l'exécution provisoire, nonobstant appel, sans caution, ordonnée.

Dans les jugements rendus par les Justices de paix, il sera, aussi, énoncé que l'expert a été nommé par un précédent jugement, mais on supprimera les dispositions relatives à la reprise et à la vente de l'animal.

Formule 38.

L'an... le. . à la requête du sieur Charles Martin, cultivateur, demeurant à (le surplus comme à la formule n° 16) soussigné, donné assignation au sieur Jules Durand, propriétaire, demeurant à... où étant et parlant à... (le surplus comme à la formule n° 16) pour : attendu que le requérant a acheté le... du sieur Durand sus-nommé un bœuf (le désigner) moyennant le prix de cinq cents francs payés comptant. Attendu que ce bœuf est atteint de l'épilepsie. Attendu que cette maladie existait au moment de la vente, qu'elle constitue un vice caché rendant le bœuf dont s'agit impropre au travail; que le requérant l'avait acheté en vue de cette destination. — Attendu que l'espèce bovine n'étant pas comprise dans la loi du 2 août 1884, les transactions dont cette espèce est l'objet sont régies par le droit commun. — Attendu qu'aux termes des articles 1641 et 1643 du Code civil le vendeur est tenu de la garantie des vices cachés rendant la chose impropre à l'usage auquel l'acheteur la destinait. — Attendu que dès lors, le sieur Martin est fondé à demander la résolution de la vente dont s'agit : par ces motifs, voir déclarer résolue la dite vente (suivant les conclusions afin de paiement, reprise et vente de l'animal selon la formule n° 16).

Nota : La même formule sera suivie pour les instances ayant le même objet qui seront portées devant le Juge de paix et devant le Tribunal de commerce.

On supprimera, toutefois, la constitution d'avoué et pour les citations devant les Juges de paix on supprimera, en outre, la partie des conclusions relatives à la reprise et à la vente de l'animal.

FORMULE 39.

Le Tribunal ouï en leurs conclusions et plaidoiries... avocat assisté de... avoué du sieur Martin... avocat assisté de... avoué du sieur Durand après en avoir délibéré conformément à la loi, jugeant en dernier ressort : attendu que le sieur Martin a acheté le... du sieur Durand un bœuf (le désigner), moyennant le prix de cinq cents francs payés comptant. Attendu qu'il résulte des renseignements fournis au Tribunal que le sieur Martin a acheté ce bœuf en vue de l'utiliser pour le travail. Attendu que prétendant que ce bœuf était atteint, au jour de la vente, du vice caché de l'épilepsie qui le rendait impropre au travail, le sieur Martin a formé, contre le sieur Durand, une demande en résolution de la dite vente, en restitution du prix versé et en paiement des dépenses que ce bœuf lui a occasionnées. Attendu que le sieur Durand ayant contesté que ce vice existât au jour de la vente, il a été, par un précédent jugement de ce Tribunal, nommé trois experts à l'effet de donner leur avis sur l'existence du vice dont s'agit, sur l'époque depuis laquelle l'animal en serait atteint, et si l'existence de ce vice aurait pour conséquence de le rendre impropre au travail. — Attendu qu'il résulte de leur rapport dressé le... et déposé le... au greffe de ce Tribunal que le bœuf dont s'agit est atteint d'épilepsie, qu'il en était atteint le... jour de la vente et que ce vice le rend impropre au travail. — Attendu que l'espèce bovine n'étant pas comprise parmi les animaux qui font l'objet de la loi spéciale du 2 août 1884, ses dispositions ne sauraient lui être applicables et que, par suite, les transactions dont cette espèce est l'objet sont régies par le droit commun. — Attendu qu'aux termes de l'article 1641 du Code civil, le vendeur est tenu de droit, de la garantie des défauts cachés de la chose vendue qui la rendent impropre à l'usage auquel on la destine ou qui en diminuent tellement cet usage, que l'acheteur n'en aurait donné qu'un moindre prix, s'il les avait connus,

et que le vendeur n'est affranchi de cette garantie,
d'après l'article 1643 du Code civil, que s'il a stipulé qu'il ne serait obligé à aucune garantie. —
Attendu que le sieur Durand n'a pas stipulé qu'il
ne serait tenu à aucune garantie et que dès lors,
le sieur Martin est fondé dans sa demande en résolution de la vente dont s'agit. Par ces motifs ; déclare résolue la vente dont s'agit (suivent les dispositions form. n° 17).

Nota. Dans les jugements ordonnant une expertise pour les vices ou défauts du droit commun,
on suivra cette formule, jusqu'au troisième motif
inclusivement et le jugement sera ainsi complété :

Attendu que le sieur Durand conteste que le bœuf
dont s'agit ait été, au jour de la vente, atteint du
vice de l'épilepsie ; que les parties étant, ainsi, contraires en fait, il y a lieu d'ordonner une expertise ;
par ces motifs, commet (noms et professions des
experts) lesquels sont, du consentement des parties dispensés du serment, à l'effet de constater
l'état de santé et d'entretien du bœuf dont s'agit,
et donner leur avis sur l'existence de la maladie
l'épilepsie, dont il serait atteint et, au cas où ils en
constateraient l'existence, donner leur avis sur
l'époque, depuis laquelle il en serait atteint et,
notamment, s'il en était affecté le..., jour auquel
la vente en a été faite au sieur Martin et, du tout,
dresser un rapport pour, après son dépôt, être
par les parties conclu et le Tribunal statué ce que
de droit : dépens réservés.

Formule 40.

L'an... le... à la requète du sieur Charles Durand (le surplus comme à la formule n° 16). J'ai (immatricule de l'huissier) soussigné, signifié, dénoncé et, en tête de celle des présentes, donné copie au sieur Paul David, propriétaire, demeurant à Paris, rue de Rivoli, n° 4, où étant et parlant à... d'un exploit de... (nom de l'huissier) à... en date du... enregistré, contenant à la requète du sieur Martin assignation au requérant afin de résolution de la vente que ce dernier lui a consentie du bœuf (le désigner) que le sieur David sus-nommé avait vendu au requérant. A ce que le sus-nommé n'en ignore et je lui ai (le surplus comme à la formule n° 22 et à la formule n° 16) pour : Attendu que le requérant a le... acheté du sieur David sus-nommé un bœuf (le désigner) moyennant le prix de cinq cents francs payés comptant ; attendu que le requérant a revendu le... ce bœuf au sieur Martin, cultivateur, demeurant à Boulogne-sur-Seine, avenue de la Reine, n° 24; attendu que ledit sieur Martin prétendant qu'il aurait acheté ce bœuf pour le travail, qu'au jour de la vente il aurait été atteint du vice caché de l'épilepsie; qu'il serait, par suite de ce vice, impropre à la destination, en vue de laquelle il l'avait acheté et, qu'à raison de ce motif, ledit sieur Martin a, par l'exploit dont copie est donnée en tète de celle des présentes, assigné le requérant en résolution de la vente que ce dernier lui avait faite : attendu que le requérant avait acheté le bœuf dont s'agit pour le travail et que, si le vice de l'épilepsie existait au jour de la vente consentie au sieur Martin, il existait aussi, au jour de la vente consentie par le sieur David au requérant ; — attendu que celui-ci serait, dès lors, fondé, aux termes des articles 1641 et 1643 du Code civil, à demander la résolution de ladite vente : Par ces motifs, (le surplus comme à la formule n° 22).

Formule 41.

L'an... le... (le surplus comme à la formule n° 16) pour : Attendu que le requérant a acheté le... du sieur Durand une vache (la désigner) moyennant le prix de cinq cents francs payés comptant ; attendu que cette vache est atteinte du vice caché dénommé les suites de la non délivrance, lequel existait au jour de la vente : — Attendu que le requérant l'avait achetée pour la reproduction et que, par suite de ce vice, elle est impropre à cette destination ; — Attendu que, dans ces circonstances, le requérant est fondé aux termes des articles 1641, 1643 et 1644 du Code civil, à demander une réduction de prix : Par ces motifs (suivre pour les conclusions, la formule n° 18).

Nota. On se conformera aux deux premières prescriptions se trouvant au bas de la formule n° 18.

Formule 42.

Le Tribunal ouï en leurs conclusions et plaidoiries... avocat assisté de... avoué du sieur Martin... avocat assisté de... avoué du sieur Durand, après en avoir délibéré conformément à la loi jugeant en dernier ressort ; — Attendu que le sieur Martin a acheté le... du sieur Durand une vache (la désigner) moyennant le prix de cinq cents francs payés comptant ; — Attendu qu'il n'est pas contesté par le sieur Durand que le sieur Martin avait acheté cette vache pour la reproduction ; — Attendu que, sur la demande en réduction de prix telle qu'elle serait arbitrée par experts, à raison du vice, les suites de la non délivrance, formée par le sieur Martin, le sieur Durand ne méconnaît pas que l'existence de ce vice rendrait la vache dont s'agit impropre à la reproduction : qu'il oppose, seulement, que si ladite vache est atteinte de ce vice, il n'existait pas au jour de la vente ; — Attendu que les parties étant, ainsi, contraires en fait, il y a lieu d'ordonner une expertise ; par ces motifs, dit et ordonne que par (noms et professions des trois experts) lesquels sont, du consentement des parties, dispensés du serment, la vache dont s'agit sera examinée à l'effet de donner leur avis sur l'état d'entretien et de santé de la dite vache, sur l'existence du vice, les suites de la non délivrance dont le sieur Martin prétend qu'elle serait atteinte, constater si ce vice aurait existé au jour de la vente et, dans ce cas, arbitrer la réduction de prix qui devrait en résulter, pour du tout, être dressé un rapport et être, après son dépôt, conclu par les parties et statué par le Tribunal ce qu'il appartiendra. Dépens réservés.

Nota. Ce jugement ne peut être rendu par les Justices de paix, la demande, à raison de la valeur indéterminée, ne pouvant être intentée devant cette juridiction.

FORMULE 43.

Le Tribunal (la suite comme à la formule n° 42); Attendu que le sieur Martin a acheté le... du sieur Durand une vache (la désigner) moyennant le prix de cinq cents francs payés comptant; — Attendu qu'il n'est pas méconnu par le sieur Durand, que cette vache avait été achetée par le sieur Martin, pour la reproduction; attendu que celui-ci prétendant que la vache dont s'agit était atteinte du vice dénommé les suites de la non délivrance; que ce vice rendait la vache dont s'agit impropre à la reproduction; et qu'il existait au jour de la vente; a demandé une réduction de prix telle qu'elle serait arbitrée par experts; — Attendu que le sieur Durand, sans contester que la dite vache, si elle était atteinte du vice dont s'agit, serait impropre à la reproduction, a opposé que ce

vice n'existait pas au jour de la vente ; — Attendu
que par un jugement de ce Tribunal rendu le...
enregistré, il a été ordonné une expertise ; —
Attendu qu'il résulte du rapport des experts déposé le..., au greffe de .ce tribunal, que la vache
dont s'agit est atteinte du vice dénommé les suites
de la non délivrance, que ce vice existait au
jour de la vente et qu'il rend ladite vache impropre à la reproduction ; — Attendu que ce vice
constitue un vice caché rendant la vache dont s'agit
impropre à l'usage, en vue duquel le sieur Martin
l'avait achetée ; — Attendu qu'il est, dès lors,
fondé aux termes des articles 1641 et 1644 du Code
civil, à demander une réduction de prix ; — Attendu que cette réduction a été arbitrée par les
experts à deux cents francs : Par ces motifs, (suit
le dispositif conforme à la formule n° 20).

TABLE ALPHABÉTIQUE

Du Formulaire

A

FIN DE LA TABLE ALPHABÉTIQUE DU FORMULAIRE

TABLE CHRONOLOGIQUE

Des décisions citées ou reproduites dans cet ouvrage

Les décisions reproduites sont indiquées par leurs dates en caractères italiques.

EXPLICATION DES ABRÉVIATIONS :

Cass. — Arrêt de la Cour de cassation.
Paris. — Arrêt de la Cour d'appel de Paris.
Trib. de. — Jugement du Tribunal civil de...
Trib. de comm. de. — Jugement du Tribunal de commerce de...
Trib. de paix de. — Jugement du Tribunal de paix de...
Trib. corr. de. — Jugement du Tribunal correctionnel de...

FIN DE LA TABLE CHRONOLOGIQUE DES DÉCISIONS.

TABLE GÉNÉRALE

Alphabétique et analytique des matières contenues dans cet ouvrage.

~~~~~~~~~~

Les chiffres non précédés d'un *p* renvoient aux numéros de l'ouvrage, et ceux précédés d'un *p*, aux pages. La lettre *V* est l'abréviation du mot *Voir*.

Accidents.

Les experts blessés pendant leurs opérations sont fondés à réclamer une indemnité, 150. — A qui en incombe l'obligation? 150. V. *Responsabilité*, 170 à 179, 239, 240.

Action en nullité.

Quand y a-t-il lieu de l'exercer? 45. — Sa condition, 45. — Délai, 47. — Procédure, 48.

Action en réduction de prix.

L'acheteur autorisé à exercer cette action, 62. — Moyen, pour le vendeur, d'empêcher qu'elle soit exercée, 62. — Faculté, pour l'acheteur, d'exercer, à son choix, l'action rédhibitoire ou l'action en réduction de prix, 63. — Après avoir exercé l'une de ces deux actions, il ne peut exercer l'autre, 63. — Il ne le peut, *à fortiori*, après la décision sur l'une de ces deux actions, 63. — Le désistement d'une demande
~~~~~~~~~~

Action récursoire en garantie.

Action rédhibitoire.

Son principe, 17. — Considérations à l'appui de ce principe, 18 à 21. — A quelles fins tend l'action rédhibitoire, 20, 95. — Elle ne s'exerce pas dans les ventes faites par autorité de justice, 28. — Elle s'exerce dans les ventes volontaires accomplies avec les formalités des ventes judiciaires, 29. — V. vente, moyennant un prix n'excédant pas cent francs, 72. — Le délai, dans lequel, l'action rédhibitoire doit être intentée, 94, 104 à 110, 192 à 199. — Elle est fondée sur la présomption de la bonne foi des contractants, 95. — Ses conséquences. 95. — Son application, au cas de vente comprenant l'animal et la voiture à laquelle il sert, 100. — De l'animal avec ses harnais ou autres objets à son usage, 100. — De deux ou d'un plus grand nombre d'animaux formant attelage, 103. — Dans quel cas, l'action rédhibitoire peut être intentée dans les trois jours de la clôture du procès-verbal des experts, 192. — Ce n'est qu'une faculté dont l'acheteur peut ne pas user, 193. — L'inobservation du délai rendrait l'action irrecevable, 194. — Le jour de la clôture du procès-verbal non compris dans le délai de trois jours, 196. — Toutefois, faculté d'intenter l'action le jour de la clôture du procès-verbal, 197. — Le troisième jour étant un jour férié, l'action valablement intentée le lendemain, 198. — Le délai de trois jours augmenté, à raison de la distance, 199. — La requête et l'ordonnance signifiées en tête de la demande, 202. — V. préliminaire de conciliation, 231.

Adjoint au maire.

V. requête afin de nomination des experts, 127.

Animaux achetés pour l'alimentation.

La loi du 20 mai 1838 ne s'appliquait pas à ces animaux, 248. — Les transactions les concernant étaient régies, pour les bouchers de province, par le droit commun, 248. — Pour les bouchers de Paris, un régime légal exceptionnel garantissait leurs achats sur les marchés de Sceaux et de Poissy remplacés par

Animaux formant attelage.

Appel à l'expertise.

Aptitudes.

V. action rédhibitoire, 103.

Assignation.

Augmentation du délai, dans lequel. l'assignation peut être valablement signifiée, 104. — Motif de cette augmentation de délai, 104. — Les règles ordinaires de la procédure doivent être suivies, 105. — Calcul de la distance, 106. — Calcul de la distance, l'animal ayant été déplacé, 110. — Jour férié, dernier jour du délai, 107. — Jours fériés intermédiaires, 108. — Jour férié, point de départ du délai, 109. — La non spécification du vice rédhibitoire dans l'assignation n'entraîne pas sa nullité, 211. — Délais pour la comparution devant les tribunaux civils et de commerce, 213.—V. procédure, 210. — Conséquence de la nullité de l'assignation, 230.

Attelage.

V. action rédhibitoire, 103.

Aubergiste.

V. responsabilité, 177, 178.

Autopsie.

Les experts ne peuvent y procéder, s'ils n'y ont pas été autorisés par l'ordonnance qui les a nommés, 137. — V. juge de paix, 138.

Autorité municipale.

V. vétérinaires, 169.

Avis de réception.

V. experts, 146.

Billet de garantie.

Il doit être fait double, 33. — Enoncer les vices garantis, 34.—Il ne suffirait pas qu'ils fussent énoncés dans la quittance du prix, 37.

Boiterie à froid.

V. vices rédhibitoires. 30.

Bouchers de Paris.

V. animaux achetés pour l'alimentation, 248, 249.

Bouchers de province.

V. animaux achetés pour l'alimentation, 248.

Cédule du juge de paix.

Moyen d'abréger le délai de comparution, 13.

Cession de clientèle de vétérinaire.

V. commerçant, 151.

Citation devant le juge de paix.

V. procédure, 209. — Délai de comparution, 212.

Clavelée.

V. vices rédhibitoires, 31, 32. — V. responsabilité, 246, 247.

Clôture du procès-verbal.

V. experts, 146. — V. action rédhibitoire, 192, 196.

Commerçant.

Le vétérinaire n'est pas commerçant, 151. — Conséquences, 151. — Il le devient, lorsqu'il fait de la maréchalerie ou vend des drogues à tout venant, 152.

Compétence.

Les règles ordinaires du droit sur la compétence doivent être suivies, 214. — En quoi elles consistent, 215. — V. action en réduction de prix, 71. — Ventes dont le prix n'est pas supérieur à cent francs, 75. — V. action récursoire en garantie, 120. — Le vétérinaire justiciable des tribunaux de commerce, s'il fait

de la maréchalerie on vend des drogues à tout venant,
152. — Le juge de paix qui a nommé les experts
peut être incompétent pour connaître du fond du
procès, 216. — Au cas de plusieurs vendeurs, faculté,
pour l'acheteur, de les citer tous devant le tribunal
du domicile de l'un d'eux, 217. — Le juge de paix
compétent, 218. — Le tribunal civil, 219. — Le tribunal de commerce, 220 — Faculté, pour l'acheteur,
d'user des dispositions de l'article 420 du Code de
proc. civ., 221. — Cas dans lequel l'acheteur ou
l'échangiste peut, à son choix, assigner devant le tribunal civil ou le tribunal de commerce, 222, 223. —
Les juges de paix peuvent être incompétents pour
statuer sur la résolution d'un contrat d'échange, 224.
— Le tribunal civil peut, seul, être compétent, en
matière d'échange, 224. — Devant quel tribunal, le
vendeur français, sans domicile ni résidence connus,
doit-il être cité? 226. — Lorsqu'il est parti pour
l'étranger, sans avoir conservé de domicile en France,
227. — Etranger sans domicile ni résidence en France,
227. — Tribunal incompétent saisi, faculté d'intenter,
après l'expiration des délais, une seconde demande,
devant un autre tribunal, 229. — Il en serait, autrement, au cas d'assignation nulle, de désistement ou
de péremption d'instance, 230. — V. animaux achetés
pour l'alimentation, 254.

Conseiller municipal.

V. requête afin de nomination d'experts, 127.

Conventions de garantie.

Faculté, pour les contractants, de stipuler toutes
les garanties qui leur conviennent, 2. — D'étendre ou
de restreindre les garanties de la loi du 2 août 1884,
4. — De renoncer à toute garantie, 4. — La même
faculté existait avec la loi de 1838, 5. — Moyen d'obvier aux garanties restreintes de la loi du 2 août 1884,
33 à 35. · Garantie de tous vices, 36. — A quel moment, on doit stipuler les conventions de garantie,
37. — Rédaction de ces conventions, 33, 38, 39. — V.
vente avec prix n'excédant pas cent francs, 73.

Croix.

V. requête afin de nomination d'experts, 126.

Cuir.

V. mort de l'animal, 102.

Délai de distance.

V. assignation. 104 à 106.
V. action rédhibitoire, 199.

Délai de garantie.

Garanties de la loi stipulées, sans délai de garantie convenu, 7. — Avec un délai de garantie convenu, 8. — A défaut du délai de garantie convenu, le délai de la loi pas applicable aux vices conventionnels, 9. — Ce délai est applicable, s'il a été convenu, 10. — Il ne s'applique pas aux animaux non compris dans la loi du 2 août 1884, 41, 42. — Pour ces animaux, on se conformera au droit commun pour le délai, dans lequel l'action rédhibitoire devra être intentée, 42. — Il en sera de même pour l'action récursoire en garantie, 44. — V. vente avec prix n'excédant pas 100 fr., 73. — Durée du délai de garantie, 80 — Sa dénomination, 81. — Il est franc, 82. — Conséquence, 83. — Son point de départ, 84, 85. — Pourquoi ce point de départ est le lendemain du jour fixé pour la livraison, 85. — Le vendeur prêt à livrer l'animal, 85. — Il s'y refuse, 86. — Livraison anticipée, 87. — Le vendeur tenu de conduire l'animal chez l'acheteur et ne le faisant pas, 88. — Moyen, dans ce cas, d'empêcher le délai de garantie de courir ou d'en interrompre le cours, 89. — Point de départ du délai, à défaut de jour fixé pour la livraison, 90. — Point de départ du délai, l'animal étant chez l'acheteur, avant la conclusion du marché, 91. — Dans les ventes faites sous condition, 92. — Au cas où l'acheteur, après livraison de l'animal, conteste l'existence du marché, 93. — V. experts, 132. — V. compétence, 229.

Délai franc.

V. délai de garantie, 82, 83. — V. requête afin de

nomination des experts, 123. — Le délai de trois jours, après la clôture du procès-verbal, pour intenter la demande n'est pas franc, 195.

Délit.

V. escroquerie, 53,54. — V. vétérinaires, 169.

Dépenses de l'animal.

V. reprise de l'animal, 96,97. — Dépenses de l'animal pendant le délai imparti, par le jugement, pour sa reprise, 99. — Moyen d'éviter les frais de mise en fourrière prolongée, 99.

Dépôt du procès-verbal des experts.

V. experts, 147. — Le dépôt du procès-verbal doit être affectué aussitôt après sa clôture, 200. — Motifs nécessitant ce dépôt immédiat, 201.

Dépréciation de l'animal.

L'acheteur en est tenu, 101.

Désistement.

V. compétence, 230.

Dol.

Quand y a-t-il dol, 22. — Conséquence du dol, 23. — Le droit commun applicable dans ce cas, 23. — Le vendeur, dans ce cas, responsable du préjudice, 45. — V. dommages-intérêts, 45,49 à 51. — Ces principes et ces conséquences applicables à l'échange, au cas de dol, 57.

Dommages-intérêts.

En quoi consistent les dommages-intérêts à réclamer en cas de dol, 49, 50. — Conditions que le préjudice doit réunir pour qu'il soit réparé, 51. — La clause de non garantie stipulée ne soustrait pas, au cas de dol, le vendeur, à l'obligation de réparer le préjudice, 52. — V. usurpation de titre. 155, 156, 159 à 161.

Droit commun.

En quoi il consiste, 40 à 44. — Il est applicable à l'espèce bovine, 40. — A tous les autres animaux non compris dans la loi du 2 août 1884, 40. — V. délai de garantie, 42. — V. dol, 23. — V. préliminaire de conciliation, 231. — V. animaux achetés pour l'alimentation, 250, 252 à 255.

Échange.

Les conséquences du dol applicables à l'échange, 57. — V. dol, 22, 23, 45. — V. dommages-intérêts, 45, 49 à 51. — V. escroquerie, 53 à 56. — L'action rédhibitoire non autorisée, la valeur de l'animal échangé n'excédant pas cent fr., 72. — Motif de cette exception, 72. — Moyen de ne pas être privé, dans ce cas, des garanties de la loi, 72. — V. vente avec prix non supérieur à cent fr., 74 à 76. — V. compétence, 223 à 225. — Conséquences de l'action rédhibitoire, au cas d'échange, 234. — Restitutions, au cas de mort de l'un des animaux échangés, 234, — au cas où il aurait été disposé de l'animal à restituer, 234.

Effet limitatif de la loi.

V. vices rédhibitoires, 24. — V. objet de la loi, 41.

Enregistrement.

V. experts, 147. — V. ordonnance de référé, 43.

Enseigne.

V. usurpation de titre, 161. — V. vétérinaires, 161.

Equarrissage.

V. mort de l'animal, 102.

Escroquerie.

Caractères de l'escroquerie, 53. — L'escroquerie constitue un délit, 53. — Diverses voies de recours ouvertes à l'acheteur au cas d'escroquerie, 54. — Délai à observer, au cas de recours à la juridiction

tion du délai de garantie, 135. — V. juge de paix, 136. — V. autopsie, 137. — V. juge de paix, 138. — Les experts devront opérer dans le plus bref délai. 189. — Aucun délai, toutefois, ne leur est imposé ni pour le commencement ni pour l'achèvement de leurs constatations, 139. — Extension de la mission des experts, 140. — Formation de l'avis des experts, 142. — Rédaction de leur procès-verbal, 141, 143. — Les experts ne prêtent pas serment préalablement à leurs constatations, 144. — Formalité qui y a été substituée, 144. — Elle s'accomplit devant le juge de paix, 145. — Les experts doivent prévenir les parties du jour de la clôture de leur procès-verbal, 146. — Le moyen à employer à cet effet, 146. — Ils feront enregistrer leur procès-verbal, 147. — Ils dresseront leur état de frais et honoraires au bas de leur procès-verbal, 147. — Ils effectueront son dépôt, 147. — V. dépôt du procès-verbal, 200. — Annulation de l'expertise, 149. — V. accidents, 150. — V. Animaux achetés pour l'alimentation, 255.

Faillite.

V. commerçant, 151. — Le vétérinaire ayant forge peut être déclaré en faillite, 152. — Il en est de même lorsqu'il vend des drogues à tout venant, 152. — V. privilège, 166, 167.

Farcin.

V. responsabilité, 246, 247.

Ferrure.

V. privilège, 168,

Fluxion périodique des yeux.

V. vices rédhibitoires, 30. — Y. délai de garantie, 80.

Formalités de mise en règle.

Les formalités de mise en règle ne sont pas applicables aux animaux non compris dans la loi, 42. — Pour ces animaux, les règles ordinaires de la procédure doivent être suivies, 43. — V. ventes avec un prix n'excédant pas cent francs, 75. — V. assignation. de 104 à 109. — V. appel à l'expertise, 180.

Formules.

P. de 196 à 253.

Fournitures de fer.

V. privilège, 168.

Fourrière.

Quand doit-on y recourir? 99. — Procédure à suivre, 241. — V. action en réduction de prix, 70. — V. action récursoire en garantie, 113.

Frais des experts.

V. experts, 147.

Greffier du juge de paix.

V. procès-verbal, 141, 143. — V. experts. 147.

Harnais et autres objets à l'usage de l'animal.

V. action rédhibitoire, 100.

Honoraires des experts.

V. experts, 147.

Honoraires des vétérinaires.

V. prescription, 163, 164.

Hôtelier.

V. responsabilité, 177. 178.

Huissier.

V. requête afin de nomination d'experts, 127.

Jour férié.

V. assignation, de 107 à 109. — Plusieurs jours fériés successifs, 107. — V. requête afin de nomination d'experts, 124. — V. action rédhibitoire, 198.

Juge de paix.

V. vente avec prix n'excédant pas cent francs, 75. — V. ordonnance du juge de paix, 129. — V. experts, 130. — Le juge de paix doit rendre immédiatement son ordonnance, 134. — Après avoir nommé un seul expert, il ne peut, sur une nouvelle requête, en nommer deux autres, 136. — Même alors que la seconde requête serait présentée dans le délai de garantie, 136. — Il ne peut, par une seconde ordonnance, même dans le délai de grrantie, nommer d'autres experts pour procéder à l'autopsie, un jugement serait nécessaire, 138. — Il taxe les frais et honoraires des experts, 147. — V. appel à l'expertise, 183, 185. — V. compétence, 216, 218, 223. — V. préliminaire de conciliation, 231.

Jugement.

V. juge de paix, 138. — Le jugement qui admet l'action rédhibitoire ou l'action en réduction de prix doit énoncer, dans ses motifs, l'un des vices rédhibitoires énumérés dans la loi du 2 août 1884, 233.

Lois.

P. 191 à 196.

Maire.

V. requête afin de nomination d'experts, 127.

Maladies contagieuses.

Déclaration imposée au détenteur d'animaux atteints de maladies contagieuses, 58. — Peines encourûes par lui s'il ne s'y conforme pas, 58. — Appendice, p. 197, 198. — Au cas de vente d'animaux atteints de maladies contagieuses, voies d'actions appartenant à

Le vendeur n'est pas, en principe. garant de la perte de l'animal, 242. — Conditions auxquelles il en devient garant 243. — Sa garantie existe, quoique l'animal soit mort après le délai de garantie, 244. — Restitutions à faire en cas de mort de l'animal, 234. — V. responsabilité, 245.

Morve.

V. responsabilité 246. 247.

Nullité de l'expertise.

V. expertise, 149.

Objet de la loi.

La loi ne s'applique qu'aux transactions lors desquelles il n'a pas été fait de conventions contraires, 1, — Elle n'intervient qu'à défaut de conventions de garantie, 3. — Ses formalités ne sont pas applicables aux vices conventionnels, 11. — Dispositions du Code civil applicables avec la loi du 2 août 1884, 26. — Dispositions du Code civil ne s'y appliquant pas, 27. — L'espèce bovine n'est pas comprise dans la loi du 2 août 1884, 40. — L'application de cette loi limitée aux animaux et aux cas rédhibitoires qu'elle énumère, 24, 41. — V. vente dont le prix n'excède pas 100 fr., 73. — V. animaux achetés pour l'alimentation, 248.

Ordonnance de référé.

Les experts pour les vices conventionnels peuvent être nommés par une ordonnance de référé, 14. — Il en est de même pour les vices rédhibitoires des animaux non compris dans la loi du 2 août 1884, 43. — pour les vices rédhibitoires des animaux achetés pour l'alimentation, 255. — V. fourrrière, 241. — Le vendeur autorisé, pendant le cours du procès, à faire vendre l'animal, 99. L'exécution de l'ordonnance de référé sur minute et avant son enregistrement peut être demandée, 43.

Ordonnance du juge de paix.

Le juge de paix nommera un ou trois experts, 129.

— V. experts. 132. — L'ordonnance visera la date de la requête, 133. — V. requête afin de nomination d'experts, 125. — V. action en réduction de prix, 71. — V. juge de paix, 134. — V. experts, 135. — V. appel à l'expertise, 185, 187.

Péremption d'instance.

V. compétence, 230.

Police sanitaire des animaux.

V. vétérinaires 154. Appendice, p. 197, 198.

Préliminaire de conciliation.

La demande dispensée du préliminaire de conciliation, 231. — Cette dispense existe pour l'action en réduction de prix, 231, — pour l'action récursoire en garantie, 231, — pour l'action rédhibitoire, à raison de vices conventionnels. 231, — pour la même action fondée sur le droit commun. 231.

Préparation des médicaments.

Tous ceux qui soignent les animaux ont la faculté de préparer les médicaments qu'ils leur administrent, 162. — Exception à cette faculté, 162. — Toutefois, circulaire ministérielle dispensant les vétérinaires d'observer l'exception, 162.

Prescription.

Les honoraires des vétérinaires se prescrivent par un an, 163. — Faculté pour eux de déférer le serment, 163. — Il en est de même pour le prix des médicaments, 164. — Moyen d'éviter cette prescription. 164. — V. compétence, 229.

Prête-nom.

Le prête-nom remplit valablement les formalités de mise en règle, 205. — Faculté pour l'acheteur de se substituer à son prête-nom en tout état de cause, 206.

16.

Reconnaissance de dette.

Reprise de l'animal.

La résolution de la vente prononcée, le vendeur est tenu de reprendre l'animal à ses frais, 96. — Il n'est pas tenu du surcroit de dépenses occasionnées par le déplacement de l'animal depuis la décision ayant résolu la vente, 97. — Moyen pour l'acheteur d'obvier aux inconvénients résultant du retard apporté par le vendeur à la reprise de l'animal, 98.

Requête afin de nomination des experts.

La nomination des experts est demandée par une requête, 122. — Délai dans lequel elle doit être présentée, 121. — Le délai est franc, 123. — Conséquence, 123. Le lendemain du dernier jour du délai étant un jour férié, 124. — Si ce jour férié est suivi d'autres jours fériés, 124. — Cas dans lequel la requête est valablement présentée après l'expiration du délai de garantie, 135. — L'acheteur éloigné du lieu où se trouve l'animal ne peut présenter sa requête au juge de paix du lieu où il se trouve, 122. — Formes de la présentation de la requête, 125. — Elle doit porter la date de sa présentation, 134. — Elle ne peut être signée par un tiers, 126. — L'apposition d'une croix, même certifiée par témoins, la rendrait nulle, 126. — La requête doit être datée, 133. — Le juge de paix et ses suppléants empêchés de rendre l'ordonnance, 127. Formalité à accomplir dans ce cas, 127. — Formalités à accomplir, l'animal ayant été conduit à l'étranger, 128. — V. action en réduction de prix, 71. — V. ordonnance du juge de paix, 133. — V. juge de paix, 138.

Responsabilité.

V. accidents, 150. — Le maréchal-ferrant responsable des accidents éprouvés par l'animal dans son atelier, 170. — A quelle condition il est affranchi de cette responsabilité, 171. — Il est aussi responsable des accidents éprouvés par l'animal reconduit par l'un de ses employés à son écurie, 172. — A quelle

Restitutions.

Serment.

Substitution.

Suppléants du juge de paix.

Sursis.

V. action en réduction de prix, 74, 75.

Taxe des frais et des honoraires des experts.

V. experts, 147. — V. juge de paix, 147.

Témoins.

V. requête afin de nomination d'experts, 126.

Titre de vétérinaire.

Il appartient seulement à ceux qui sont pourvus d'un diplôme, 155. — V. usurpation de titre, 155 à 157.

Tribunal civil.

V. compétence, 219, 222 à 225. — V. préliminaire de conciliation, 231.

Tribunal de commerce.

V. compétence, 220, 222, 223, 225.

Troupeau.

V. vices rédhibitoires, 31, 32.

Usurpation d'enseigne.

V. vétérinaires, 161.

Usurpation de titre.

Elle existe lorsque, quoique non diplômé, on se qualifie de vétérinaire, 155, 156. — Même sans se dire porteur d'un diplôme, 157. — Droit pour les vétérinaires, de la faire cesser et d'en être indemnisés, 156. — L'usurpation existe lorsque, sans en avoir le droit, le maréchal ferrant prend le titre de maréchal expert, 159. — Droit pour les vétérinaires de la faire cesser et d'en être indemnisés, 159. — Il en est de même pour

le titre de maréchal vétérinaire, 160 ; — pour l'enseigne de maréchalerie vétérinaire, 161.

Ventes à l'essai.

V. délai de garantie, 91.

Ventes à réméré.

Point de départ du délai de garantie, 92.

Vente de l'animal.

L'acheteur autorisé à le faire vendre, 98, 99. — V.
action en réduction de prix, 70.

Vente de médicaments.

Elle est permise à tous ceux qui soignent les animaux, 162. — Exception à cette faculté, 162. — Toutefois, circulaire ministérielle dispensant les vétérinaires d'observer l'exception, 162.

Ventes dont le prix n'est pas supérieur à 100 fr.

Dans ces ventes, ni l'action rédhibitoire ni l'action
en réduction de prix ne sont autorisées, 72. — Motif
de cette exception, 72. — Moyen d'être garanti dans
ce cas des vices rédhibitoires, énumérés dans la loi
du 2 août 1884, 72. — Toutefois, pour l'exercice de
cette garantie, les dispositions de la loi du 2 août 1884
ne sont pas applicables, 73. — Il faut recouris aux
règles ordinaires de la procédure, 73. — Difficultés
soulevées par l'application de l'article 4 au contrat
d'échange, 74. — Sur l'exception opposée par le défendeur, sursis ordonné, 74. — Aucune disposition de la
loi du 2 août 1884 relative à l'estimation de la valeur
des animaux échangés, 75. — Le juge de paix incompétent, 75. — Procédure à suivre, 75. — A quelle condition le demandeur peut-il, après la valeur de l'animal
déterminée, suivre sur sa demande, 75. — Moyen
d'éviter toutes difficultés sur la valeur de l'animal, 76.

Ventes par autorité de justice.

V. action rédhibitoire, 28.

Ventes sous condition.

V. délai de garantie, 92.

Ventes volontaires avec formalités judiciaires.

V. action rédhibitoire, 29.

Vétérinaires.

V. experts, 130. — V. commerçant, 151, 152. — Ils sont justiciables des tribunaux civils, 151. — Ils peuvent être toutefois justiciables des tribunaux de commerce, 152. — V. faillite, 151, 152. — V. cession de clientèle, 151. — Ils peuvent seuls être chargés par les autorités civiles et militaires de soigner les animaux, 154. — Ils peuvent seuls leur donner des soins pour les maladies contagieuses, 154. — V. titre de vétérinaire, 155. — V. usurpation de titre, 155 à 157, 159, 160. — Les vétérinaires ont seuls le droit de délivrer le titre de maréchal expert, 158. — Leur droit de faire supprimer l'enseigne de maréchalerie vétérinaire et d'en être indemnisés, 161. — V. préparation des médicaments, 162 — V. vente des médicaments, 162. — V. privilège, 165 à 167. — Déclaration que doit faire le vétérinaire soignant un animal atteint de maladie contagieuse, 169, p. 197, 198. — V. responsabilité, 176, 178, 179. — V. compétence, 151, 152.

Viande sur pied.

V. animaux achetés en vue de l'alimentation, 40 à 44, 248 à 250, 252 à 255.

Vices conventionnels.

V. délai de garantie, 9, 10. — V. objet de la loi, 11. — Procédure à suivre, 12, 16. — Nomination des experts, 13 à 15. — V. préliminaire de conciliation, 231.

Vices rédhibitoires.

Pourquoi il sont dénommés rédhibitoires, 77. — Les vices énumérés dans la loi du 2 août 1884 seuls rédhibitoires pour les espèces d'animaux énumérées dans cette loi, 24. — La boiterie à froid n'est pas un vice rédhibitoire, 30. — La fluxion périodique des yeux applicable à un cheval borgne, 30. — La clavelée cause de rédhibition de tout le troupeau, 31. — A quelle condition? 31. Conséquence du défaut de cette condition, 32. — A quelle condition les vices rédhibitoires entraînent la résolution du marché, 78. — Leur preuve, 79. — Le vendeur n'est pas admis à faire la preuve contraire, 79. V. procédure, 211.

Voitures.

V. action rédhibitoire, 100.

FIN DE LA TABLE GÉNÉRALE ALPHABÉTIQUE
ET ANALYTIQUE

ERRATUM

Page 127, première ligne, *au lieu de* pour les deux autres formalités, *lisez* : pour la formalité relative à la nomination des experts.

BEAUGENCY. — IMP. LAFFRAY FILS ET GENDRE

SUPPLÉMENT

TRIBUNAL DE COMMERCE DE ROUEN

8 OCTOBRE 1886.

La loi du 2 août 1884 sur les vices rédhibitoires des animaux domestiques ne s'applique pas aux achats de bestiaux pour être livrés à la consommation.
Ces achats sont pour les vices rédhibitoires, régis par le droit commun.

(Leprince c. Rebour).

Attendu que la loi du 2 août 1884 n'est pas applicable aux bestiaux achetés vifs par les bouchers pour être abattus immédiatement et vendus à la consommation comme viande de boucherie, ce qui est le cas du présent procès. En fait, attendu qu'après l'abattage, la vache, objet du procès, a été reconnue par le vétérinaire-directeur de l'abattoir de Rouen, être atteinte de tuberculose généralisée, par suite impropre à la consommation, c'est-à-dire à l'objet pour lequel, elle a été achetée. Que la garantie relative à cette vente rentre dans le droit commun ; — Attendu que, par conséquent, le prix payé par Leprince doit être restitué.

Par ces motifs, le tribunal jugeant **en dernier ressort**, condamne Rebour à restituer à Leprince la somme de 240 fr., prix de la vache vendue. Le condamne aux intérêts de droit et aux dépens. (**La** *Presse Vétérinaire*, année 1890, p. 310).

Nota. — Ce jugement fait l'application des principes que nous avons exposés, p. 14 à 16, n° 40 **et** p. 168 à 180, n°ˢ 249 et 250.

Il déclare, ainsi qu'on le trouvera jugé par **les** autres décisions que nous rapportons à leur date, que pour la garantie des vices rédhibitoires, l'acheteur de l'espèce bovine doit recourir **au droit commun.**

COUR DE CASSATION

CHAMBRE DES REQUÊTES

3 NOVEMBRE 1886.

Le vendeur d'un animal qui n'a pas opposé d'avoir été assigné sans que l'expertise ait été provoquée en conformité de l'article 7 de la loi du 2 août 1884, ne peut pour la première fois s'en prévaloir devant la Cour de cassation.
Il en est ainsi parce que les prescriptions de l'article 7 ne sont pas d'ordre public.

(Chalandon c. Millon.)

LA COUR, — Sur le moyen unique du pourvoi tiré de la violation et fausse application des articles 1641 et 1643 du Code civil et des articles 1, 2, 7 et 12 de la loi du 2 août 1884 ; — Attendu que le pourvoi se fonde sur ce que le jugement attaqué a prononcé la résiliation de la vente d'un porc, sans que l'acheteur eut provoqué la nomination préalable d'experts chargés à peine de nullité, de dresser procès-verbal ; — Mais attendu que le sieur Chalandon qui était défendeur devant le tribunal de commerce de Saint-Etienne, n'avait pas opposé à l'acquéreur, la fin de non recevoir tirée de l'article 7 de la loi susvisée du 2 août 1884 ; — Qu'il se bornait à prétendre que le porc qu'il avait vendu, n'était pas celui qui avait été saisi par les agents sanitaires de l'abattoir des Mottelières; — Attendu dès lors, que la nullité qu'invoque le pourvoi *n'étant pas d'ordre public*, constitue un moyen nouveau qui, ne peut, pour la première fois, être proposé à la Cour de cassation; — Rejette. — (*Gazette du Palais*, n° du 27 novembre 1886.)

Nota. — Cet arrêt pose un principe pouvant avoir dans la pratique une application fréquente.

L'acheteur peut omettre d'accomplir la formalité prescrite par l'article 7 de la loi du 2 août 1884 et qui consiste dans la présentation de la requête au juge de paix afin de nomination d'experts.

Dans ce cas, le vendeur assigné en résolution du marché, doit, avant de conclure au fond, opposer la fin de non recevoir tirée du défaut de l'accomplissement de la formalité.

S'il ne le fait pas, il ne peut pour la première fois, opposer la fin de non recevoir soit en appel soit en cassation.

Il en est ainsi parce que l'accomplissement des formalités prescrites par la loi du 2 août 1884 n'est pas d'ordre public.

TRIBUNAL CIVIL DE GRAY

9 NOVEMBRE 1886.

Le fait de vendre un cheval que l'on saurait atteint de la morve constituerait le délit prévu et puni par les articles 13 et 31 § 2 de la loi du 21 juillet 1881, sur la police sanitaire des animaux.

En conséquence, l'inobservation des délais prescrits par la loi du 2 août 1884 sur les vices rédhibitoires des animaux domestiques ne saurait être opposable à l'acheteur alléguant qu'au jour de la vente, le vendeur connaissait l'existence de la maladie.

Le rejet de cette fin de non-recevoir resterait toutefois subordonné à la condition que l'acheteur fera la preuve de son allégation.

(Paquet c. Maréchal.)

LE TRIBUNAL, — Considérant que Paquet, pour justifier le principe de son action en dommages-intérêts, demande à prouver par témoins, qu'antérieurement à la vente consentie par Maréchal à son profit, le cheval objet du litige était atteint de la morve ou suspect de cette maladie ; — Considérant que Maréchal soutient que la morve étant classée par la loi du 2 août 1884, au nombre des vices rédhibitoires, la question en litige ne peut être soumise au Tribunal que dans les délais impartis par cette loi, lesquels sont expirés depuis longtemps; — Considérant que, suivant une jurisprudence constante consacrée par la Cour de cassation, l'action en dommages-intérêts résultant d'un délit commis à l'occasion d'une maladie contagieuse est indépendante de l'action en garantie pour vices rédhibitoires; que cette doctrine, vraie sous l'empire de la loi de 1838, n'a pas été modifiée par la loi du 2 août 1884, invoquée par le défendeur; qu'on lit, en effet, dans l'article 1er: « L'action est régie par les règles qui vont être édictées par la présente loi, mais on ajoute que c'est sans préjudice des dommages-intérêts qui pourraient être dus en cas de dol; — Considérant que cette réserve a eu évidemment pour but de proclamer que la loi de 1884 comme celle de 1838, n'étaient pas organisées pour protéger les délits lorsqu'ils rentraient sous l'empire du droit commun; — Considérant, d'autre part, qu'il n'existe pas dans les pièces soumises au Tribunal, la preuve que Paquet ait saisi la juridiction correctionnelle de manière à ne pouvoir agir à fin civile; qu'il importe donc d'examiner si les faits articulés sont pertinents et admissibles; — Considérant que, s'il était établi que le cheval, objet du litige, était, avant la vente du mois d'avril 1886, atteint de la morve ou suspect, il pourrait en résulter, suivant les circonstances, que Maréchal aurait commis un délit, en contravention des articles 459 du Code pénal, 13 et 31 §2 de la loi du 21 juillet 1881;

Par ces motifs, — Avant faire droit et sous réserve expresse de tous droits, moyens et exceptions des parties, admet le demandeur à prouver qu'antérieurement à la vente consentie par Maréchal à Paquet, le cheval en faisant l'objet était atteint de la maladie contagieuse, la morve ou était suspect de la maladie. — Réserve la preuve contraire et les dépens. — (*Gazette du Palais,* n° du 13 juin 1888).

Nota. — Ce jugement établit la distinction qui existe entre l'action tirée de la loi pénale du 21 juillet 1881 sur la Police sanitaire des animaux et l'action tirée de la loi du droit civil du 2 août 1884 sur la garantie des vices rédhibitoires pour les trois espèces chevaline, ovine et porcine.

La première de ces actions fondée sur un délit et la seconde, au contraire, tenant le vendeur comme ayant été de bonne foi.

Il en résulte, comme le dit le jugement, que ces deux actions sont indépendantes l'une de l'autre; que chacune d'elles a son existence propre et qu'en conséquence, à l'action fondée sur le délit, on ne saurait opposer l'inobservation de la loi du droit civil du 2 août 1884.

TRIBUNAL DE COMMERCE DE LA SEINE

19 JUILLET 1887.

*1° Des contusions dont se trouve atteint un taureau cons-
tituent un vice caché de la chose vendue, lorsqu'en leur
état et en raison de l'installation du marché, il était
matériellement impossible à l'acheteur d'en constater
l'existence avant la prise de possession.*

*2° La règlementation nouvelle edictée par la loi du
2 août 1884 ne s'applique pas à l'espèce bovine qui
reste, dès lors, soumise au droit commun.*

(Bertet c. Pinot et Valarché.)

LE TRIBUNAL, — Sur la demande de Bertet : — Sur
les 194 fr. 45 : — Attendu, en fait, que Bertet base
sa demande sur les dispositions des articles 1641,
1643 et 1644 du Code civil; — Attendu que, pour repousser l'actiont dirigée contre eux, Pinot et Valarché
soutiennen que les contusions dont s'agit n'existaient
pas chez le taureau de Bertet alors qu'ils le lui ont
vendu; qu'eussent-elles existé, elles ne constitueraient
pas de vices cachés, le demandeur ayant pu s'en rendre compte avant la prise de possession du taureau;
qu'enfin, et au surplus, Bertet, par application de
la loi du 2 août 1884, serait déchu de tout recours
contre eux; qu'à tous égards, sa demande devrait
être rejetée; — Mais attendu que, de l'instruction et

des débats, il ressort que les contusions **relevées** par Bertet sur le taureau que lui avaient **vendu Pinot et** Valarché, existaient préalablement **à la vente ; qu'en** leur état et en raison de l'installation du marché, il était matériellement impossible à Bertet d'en constater l'existence ; — Attendu, d'autre part, que la loi du 2 août 1884 est muette en ce qui concerne l'espèce bovine ; qu'il **faut donc en conclure que le** législateur a voulu la **mettre en dehors** de la réglementation nouvelle à laquelle il assujettissait divers autres animaux nommément **désignés**, et *la laisser soumise au droit commun ;* **que dès lors**, ladite loi ne saurait trouver son **application dans l'espèce ; —** Et attendu que, de **ce qui précède, il résulte** que les contusions dont était atteint le **taureau de Pinot et** Valarché constituaient bien un **défaut caché de la** chose vendue ; que Bertet est donc fondé à se faire rendre une partie de son prix que le Tribunal, à l'aide des éléments d'appréciation dont il dispose, fixe à la somme de 80 fr. au payement de laquelle Pinot et Valarché doivent être tenus ; — Sur les 25 francs de dommages-intérêts : — Attendu que Bertet ne justifie d'aucun préjudice en dehors de celui précité, et dont il va être rémunéré ; que cette partie de sa demande doit donc être rejetée ;

Par ces motifs, — Déboute Pinot et Valarché de leur opposition au jugement du 2 avril 1887 ; — Ordonne, en conséquence, que ce jugement sera exécuté selon sa forme et teneur, nonobstant ladite opposition, mais toutefois, à concurrence de 80 francs seulement de principal, des intérêts de ladite somme suivant la **loi** et des dépens; — Déclare Bertet mal fondé **dans le** surplus de sa demande, l'en déboute, **etc...** (*Gazette du Palais*, n° des 1er et 2 août 1887.)

Nota. — Ce jugement fait l'application des principes que nous avons exposés **p. 14 à 16** n° 40 et p. 168 à 180, n°s 249 et 250.

Il déclare, en conséquence que la loi du 2 août 1884 étant muette sur l'espèce bovine, c'est au droit commun que l'acheteur d'un animal de cette espèce doit **recourir, pour** la garantie des vices rédhibitoires.

TRIBUNAL CIVIL DE VILLEFRANCHE

2 AVRIL 1887.

*L'action rédhibitoire intentée à raison d'une boiterie in-
termittente dont un cheval est atteint, n'est valablement
exercee, d'après l'article 5 de la loi du 2 août 1884,
que si l'assignation a été signifiée dans le délai de neuf
jours.*

*Il ne suffit pas d'avoir presente, au juge de paix, dans
ce délai, la requête à fin de nomination d'experts à l'effet de constater le vice rédhibitoire.*

*A défaut de signification de la demande dans le délai de
neuf jours, l'action n'est pas seulement non recevable
mais mal fondée.*

(Servier c. **Premier**).

Le Tribunal, — Attendu qu'en admettant même,
ainsi que le prétend le demandeur, que le cheval
qu'il a acheté au sieur Premier le 8 octobre 1886 ne
lui ait été livré que le lendemain, l'action formée
par Servier en résiliation de cette vente n'en devrait
pas moins être repoussée ; que si bien Servier a présenté requête à M. le juge de paix du 8° canton de
Lyon, le 19 octobre suivant, aux fins de faire nommer un ou trois experts à l'effet d'examiner le cheval, objet du marché du 8 octobre 1886, il n'a assigné son vendeur devant le tribunal que le 8 no-

vembre suivant, c'est-à-dire alors que, depuis longtemps, le délai imparti par la loi du 2 août 1884
était expiré ; qu'en effet le vice rédhibitoire allégué
par l'acheteur était la boiterie ancienne intermittente ; qu'aux termes de l'article 5 de cette loi le
délai pour intenter l'action résultant de ce vice est
de neuf jours francs, non compris le jour de la livraison : que ces expressions de la loi sont claires
et précises et qu'elles s'appliquent aussi bien au délai dans lequel la requête à fin d'expertise doit être
présentée, qu'au délai dans lequel la demande intro-
ductive d'instance doit être formée, puisque c'est
cette demande qui constitue l'exercice de l'action ;
— Attendu qu'aux termes d'une jurisprudence in-
variable de la Cour de cassation : Cassation, 19 décembre 1860 ; Cassation, 3 mai 1882, il en était
ainsi sous l'empire de la loi du 20 mai 1838 ; que
l'article 5 *in initio* de la loi nouvelle, se servant des
mêmes expressions que l'article 3 de la loi de
1838, doit être interprété d'une façon identique ;
qu'au surplus les travaux préparatoires de la loi de
1884 ne peuvent laisser aucun doute à cet égard ; —
Attendu qu'il ne résulte nullement des documents
produits que le vendeur ait renoncé à se prévaloir
de la déchéance résultant de l'inobservation du délai
dont il a été parlé ci-dessus ; — Attendu que la déchéance encourue par l'acheteur faute par lui d'a-
voir exercé son droit dans le temps prescrit par la
loi et d'avoir accompli les formalités nécessaires
pour le conserver, entraîne la perte du droit lui-

même ; que cette déchéance, **opposée par le vendeur,** constitue non pas **une simple** exception, mais une véritable défense **au fond ; qu'à** ce point de vue, il **y** a lieu de déclarer la demande **non pas** seulement irrecevable, mais mal **fondée ;**

Par ces motifs, — Rejette la demande du sieur Servier, etc. (*Gazette du Palais*, n° du 29 janvier 1888).

NOTA. — **Ce** jugement déclare, très exactement, que pour que l'action soit recevable, il faut que toutes les formalités prescrites par la loi du 2 août 1884, soient accomplis dans le delai qu'elle fixe.

L'accomplissement de l'une de ces formalités **dans** le délai fixé, notamment la présentation de la requête à fin de nomination d'experts, ne saurait couvrir l'inobservation du délai pour une autre formalité.

COUR DE CASSATION

CHAMBRE DES REQUÊTES

20 DÉCEMBRE 1887.

L'obligation de garantie, imposée aux vendeurs d'animaux domestiques par l'article 1641 du Code civil et par la loi du 2 août 1884, sur les vices rédhibitoires, peut être étendue par une convention spéciale des parties.

Mais une telle convention ne résulte pas de la promesse de l'acheteur que le cheval vendu sera parfait, de confiance et ne laissant rien à désirer.

Dans ce cas, le vice de boiterie intermittente, allégué par l'acheteur, et qui constitue simplement un des vices ré-dhibitoires de la loi du 2 août 1884, ne peut donner lieu qu'à une action en garantie soumise aux règles, conditions, délais et fins de non-recevoir de la loi de 1884.

(Bodin-Vallée c. Chambalon.)

La Cour, — Sur les deux moyens réunis du pourvoi, tirés, le premier de la violation de l'article 7 de la loi du 20 avril 1810, et le deuxième de la violation de l'article 1641, Code civil, et de la fausse application de la loi du 2 août 1884, (en ce que le jugement attaqué a refusé de voir dans la promesse du vendeur que : « la jument vendue serait parfaite, de confiance, ne pouvant laisser rien à désirer », une clause spéciale de garantie permettant à l'acheteur, en admettant même qu'il se plaignit d'un défaut nommément classé dans les vices rédhibitoires, d'agir en dehors des délais et des formes fixés par la loi de la matière du 2 août 1884); *Attendu que si, l'obligation de garantir, imposée aux vendeurs d'animaux domestiques par l'article* 1641, *Code civil, et par la loi du* 2 *août* 1884, peut être étendue par une convention spéciale des parties, il n'a pas été justifié qu'une telle convention fût intervenue lors de la vente du cheval litigieux; qu'au contraire le défaut allégué par l'acheteur consistant dans une boiterie intermittente, constituait simplement l'un des vices rédhibitoires prévus par la loi du 2 août 1884; que, dès lors, l'action en garantie à laquelle ce vice aurai pu donner lieu, restait soumise, en l'absence de toute convention contraire, aux règles, conditions, délais et fins de non-recevoir de ladite loi, qu'en le décidant ainsi, le jugement attaqué, qui répond d'ailleurs par des motifs précis à toutes les conclusions du demandeur en cassation, n'a ni violé, ni faussement appliqué les textes de loi invoqués par le pourvoi; — Rejette, etc. (S. 1890, I, 263.)

Nota. — Cet arrêt reconnaît la faculté laissée aux parties d'étendre par une convention, les garanties conférées de droit par la loi du 2 août 1884.

Mais il exige que cette convention de garantie soit expresse. Elle ne saurait être suppléée par les déclarations du vendeur vantant les qualités de l'animal qu'il veut vendre.

TRIBUNAL DE LA SEINE (7e ch.)

21 NOVEMBRE 1888.

I. *Alors même qu'il serait établi qu'un cheval était atteint de la morve au jour de la vente, il n'y aurait pas lieu d'appliquer au vendeur les dispositions de la loi du 21 juillet 1881 sur la police sanitaire des animaux, s'il n'était pas prouvé que le vendeur avait connu l'existence de la maladie.*

Dans ce cas, l'acheteur qui ne se prévaut pas du dol, ne peut se pourvoir au civil en nullité du marché, qu'en recourant à la loi du 2 août 1884 sur les vices rédhibitoires des animaux domestiques.

Il est, toutefois, privé de cette faculté, lorsqu'il a laisse passer les délais fixés par cette loi, sans avoir rempli, dans ces délais, les formalités qu'elle prescrit.

L'acheteur ne saurait invoquer les articles 1110 et 1598 du Code civil et trouver un moyen de nullité du marché en pretendant qu'il y aurait eu erreur sur la substance ou qu'un cheval atteint de la morve serait hors du commerce.

Il ne saurait, non plus, invoquer l'article 1625 du Code civil et demander la nullité du marché pour cause d'éviction.

II. *Un jugement de police correctionnelle ne statue sur l'action de la partie civile qu'en tant que basée sur un délit.*

En conséquence, même après le renvoi du prévenu des fins de la citation, rien ne s'oppose à ce que l'action civile soit de nouveau portée devant la juridiction civile.

(Gonon et Calon c. Payen).

LE TRIBUNAL, — Attendu que Gonon et Calon demandent à Payen 750 francs à titre de restitution du prix d'un cheval qu'il leur a vendu le 25 octobre 1885 ; — Qu'ils établissent, en effet, qu'ils ont dù faire abattre l'animal atteint de la morve, et qu'ils invoquent la nullité de la vente, soit parce qu'il y aurait eu, de leur part, erreur sur la substance de la chose vendue, soit parce que l'animal, n'étant plus dans le commerce, ne pouvait plus faire l'objet d'une vente ; — Attendu que Payen oppose à cette demande une double fin de non recevoir basée sur la chose jugée et sur les effets de la loi du 2 août 1884 sur les vices rédhibitoires des animaux domestiques ; — Qu'il prétend que le tribunal correctionnel de la Seine, par jugement du 11 mai 1886, s'est déjà prononcé sur la validité de la vente, et que les demandeurs, n'ayant pas introduit l'action prévue par la loi de 1884, sont déchus de toute action ; — Attendu, sur l'exception de chose jugée, que si le tribunal correctionnel saisi d'une action basée sur la violation de la loi du 21 juillet 1881, art. 31, § 2, a décidé que le délit reproché à Payen n'était pas établi et l'a renvoyé de la plainte, il a statué et n'a pu statuer que sur l'action en tant que basée sur un délit; — Qu'il a pris soin, d'ailleurs, de l'indiquer nettement dans son jugement; — Attendu **qu'il a** donc laissé intact le droit, pour Gonon et Calon, **de** poursuivre, devant la juridiction civile, **la réparation** du dommage résultant, pour eux, à **tout** autre **point** de vue, de la vente, et que leur **action est parfaite-** ment recevable du moment que la loi de 1881 n'est plus en cause ; — Mais attendu, sur la deuxième fin de non recevoir : — Que s'il résulte des documents de la cause que l'animal vendu le 20 octobre a été abattu le 30 novembre suivant, comme atteint de la morve, il est constant que les demandeurs n'invo- quent pas les dispositions de la loi de 1884 sur les vices rédhibitoires ; — Qu'ils ne pouvaient plus d'ailleurs le faire, ayant laissé passer les délais pour en demander l'application ; — Que, dans leurs con- clusions, ils n'invoquent pas davantage l'exécution d'une clause de garantie, ou bien des faits de **dol ou** de fraude dont ils auraient été les victimes ; — Qu'ils ne peuvent non plus, en raison de la chose jugée, **se** prévaloir des dispositions de la loi de 1881 ; — At- tendu, dès lors, que leur **action** se trouve éteinte et qu'ils ne peuvent, en invoquant des textes qui n'ont pas d'ailleurs d'application dans la cause, faire re- vivre des droits dont ils sont déchus ; — Qu'autre- ment ce serait méconnaître les intentions du législa- teur de 1884, qui a voulu, en spécifiant les **vices,** pour lesquels la vente serait nulle de plein droit, sans autre constatation que celle du vice lui-même ; mettre fin aux innombrables difficultés que faisait

naître la vente des animaux domestiques ; — Que
Gonon et Calon ne peuvent s'en prendre qu'à leur
négligence de la perte de leur droit, en admettant
que le cheval fût atteint de la morve au moment de
la livraison ; — Attendu, au surplus, qu'en fait
Gonon et Calon ne peuvent pas soutenir qu'il y ait
eu, de leur part, une erreur sur la substance de la
chose, ou bien que la vente soit nulle comme portant
sur un animal n'étant pas dans le commerce ; —
Attendu qu'en effet l'animal dont ils ont pris livraison est bien celui que Payen leur avait offert en
vente et à propos duquel un accord formel était intervenu ; — Que cet animal était bien, par lui-même,
dans le commerce, la morve dont il pouvait être atteint ne constituant, aux termes du Code civil et de
la loi de 1884, qu'un vice caché donnant ouverture
à la garantie prévue et organisée par cette dernière
loi, et pouvant même ne donner lieu à aucune action
en garantie, si le prix de la vente n'est pas supérieur
à 100 francs.

Par ces motifs, — Déclare Gonon et Calon non
recevables dans leur demande. (*La Loi*, n° du 8 décembre 1888).

Nota. — Ce jugement qui a été rendu sur notre
plaidoirie détermine la condition à laquelle est subordonné l'exercice de l'action régie par la loi du 21
juillet 1881 sur la police sanitaire des animaux.

Il faut que le vendeur ait su, lors de la vente, que
l'animal était atteint de l'une des maladies comprises

dans l'énumération de cette loi ou que, tout au moins, il était suspecté d'en être atteint.

En l'absence de cette condition, si la maladie est comprise dans la loi du 2 août 1884 sur les vices rédhibitoires, le seul recours ouvert à l'acheteur consiste dans l'application de cette loi.

Mais il ne peut y recourir que s'il est, encore, dans les délais que cette loi a fixés.

On ne saurait prétendre qu'il y a eu erreur sur la substance de la chose vendue parce que l'animal acheté serait atteint de la morve.

On ne saurait, non plus, s'en prévaloir pour y trouver une cause d'éviction autorisant à demander la nullité de la vente.

Le recours à la juridiction civile est autorisé même alors que le vendeur cité devant la juridiction correctionnelle, aurait été renvoyé des fins de la citation.

Les conclusions prises par l'acheteur à fin de réparation de préjudice devant la juridiction correctionnelle était en effet fondées sur un délit alors que, devant la juridiction civile, elles sont fondées sur une autre cause purement civile.

COUR D'APPEL DE CAEN

1er JUILLET 1889.

Le vendeur d'un animal contre lequel, l'action rédhibitoire est intentée et qui exerce son recours en garantie contre son vendeur, n'est pas tenu vis-à-vis de lui, de présenter la requête à fin de nomination d'experts ni de l'appeler à l'expertise.

Ces formalités régulièrement accomplies par le demandeur principal le sont pour tous ceux qui seraient appelés au procès.

Il suffit, pour que le recours en garantie soit régulierement exercé, que l'assignation en garantie ait été signifiée avant l'expiration des délais prescrits par les articles 5 et 6 de la loi du 2 août 1884, depuis la vente faite au demandeur en garantie.

(Bloc et Bernard c. Tirard).

La Cour, — Attendu que Tirard, cultivateur à Ouilly-le-Basset, a vendu, le 11 août 1887, à Bloc et Bernard, marchands de chevaux à Paris, une jument, pour le prix de 605 fr. et qu'il l'a livrée le 12 à Guibray (Calvados) ; — Que le même jour, Bloc et Bernard ont revendu cette jument à Bernard frères, marchands à Lyon ; — Attendu que dans le délai de neuf jours à partir de la première vente, le 20 août, Bernard frères présentèrent re-

quête au juge de paix du 8e canton de Lyon, à fin
de nomination d'experts pour constater l'état de
l'animal qu'ils prétendaient atteint d'un vice rédhibitoire (*cornage chronique*) ; — Que, le même jour,
le juge de paix rendit une ordonnance nommant un
seul expert et dispensant d'appeler les vendeurs à
l'expertise, à raison de l'urgence et de l'éloignement ; — Attendu que le 22 août, Bernard frères,
intentèrent contre Bloc et Bernard, l'action rédhibitoire devant le tribunal de commerce de la Seine ;
— Attendu que le 24 août, c'est-à-dire dans le délai
de neuf jours à partir de la première vente, augmenté à raison des distances, Bloc et Bernard assi-
gnèrent Tirard en garantie devant le tribunal civil
de Falaise, lui dénonçant, en lui laissant copie, la
demande formée contre eux, la requête présentée
au juge de paix, l'ordonnance de ce magistrat et la
sommation à eux faite d'assister à l'expertise fixée
au 3 septembre, afin qu'il put les défendre contre
l'action de Bernard frères et se défendre lui-même
contre le recours en garantie ; — Attendu que
Tirard est resté complètement inactif, et qu'il oppose à la demande formée contre lui, une fin de
non recevoir, tirée de ce que ses acheteurs Bloc et
Bernard auraient dû présenter eux-mêmes, dans les
neuf jours de la vente, la requête prescrite par l'article 7 de la loi du 2 août 1884 ; — Attendu que
Tirard soutient qu'il doit être présenté autant de
requêtes qu'il y a eu de ventes successives, dans
le délai de neuf jours ; — Mais que la loi de 1884

n'a point imposé de semblables obligations, **que le
plus souvent**, il serait impossible de remplir ; —
Que cette loi, sans tenir compte du domicile des
parties, qui, en général, fixe la compétence, ne s'est
préoccupée que du lieu où se trouve l'animal ; —
Qu'elle a donné compétence *erga omnes* au juge de
paix de ce lieu pour nommer d'urgence des experts,
afin de constater un fait matériel et sauvegarder
les droits de tous les intéressés ; — Que lorsqu'il y a
plusieurs acheteurs successifs, se trouvant dans les
délais légaux et ayant le même intérêt, il est inadmissible que, dans le but de créer des complications
et de faire faire des frais inutiles, chacun d'eux fut
contraint de requérir la même constatation déjà
faite, que le juge de paix fut obligé de rendre suc-
cessivement plusieurs ordonnances identiques et
que les experts fussent également obligés de faire
plusieurs fois la même expertise ; — Attendu que
Bloc et Bernard se sont mis complètement en règle
en reportant à Tirard, de suite et dans les délais
légaux, la demande formée contre eux, en le met-
tant à même, le 24 août, d'assister à l'expertise fixée
au 3 septembre, et, s'il le jugeait utile à ses intérêts,
d'intervenir devant le tribunal de commerce de la
Seine, où ils ne pouvaient l'appeler eux-même ; —
Que c'est à bon droit également qu'ils l'ont ajourné
à Falaise devant le tribunal civil de son domicile ;
— Attendu que devant le tribunal de Falaise, Bloc
et Bernard avaient intérêt à attendre la décision du
tribunal de commerce de la Seine ; — Que les par-

ties en cause pouvaient, l'une comme l'autre, poursuivre l'audience ; — Que c'est a tort et arbitrairement que les premiers juges ont décidé que Bloc et Bernard avaient, par leur inaction, encouru une forclusion : — Au fond : — Attendu que l'expertise ordonnée par le juge de paix de Lyon n'est critiquée par aucun motif sérieux.

Par ces motifs ; — Infirme : — Dit à tort les fins de non recevoir opposées par Tirard ; déclare résiliée, pour vice rédhibitoire, la vente consentie par Tirard à Bloc et Bernard, etc. (S. 1890, 2, 137).

Nota. — Cet arrêt a résolu une question qui présentait un grand intérêt.

Il s'agissait de savoir si le demandeur en garantie était tenu d'accomplir au regard de l'appelé en garantie, toutes les formalités prescrites par la loi du 2 août 1884.

Par des motifs très juridiquement déduits, l'arrêt décide que les formalités accomplies par le demandeur principal profitent à tous et qu'en conséquence, le demandeur en garantie n'est tenu qu'à signifier sa demande dans les délais prescrits.

COUR D'APPEL DE NANCY

21 JANVIER 1890

N'est pas franc, le délai de trois jours à compter de la clôture du procès-verbal des experts, pendant lequel, l'acheteur qui a appelé son vendeur à l'expertise, peut signifier sa demande en résolution du marché pour vice rédhibitoire.

Le point de départ de ce délai n'est pas le jour auquel l'expert aurait remis son procès-verbal au demandeur, mais le jour de la clôture du procès-verbal.

(Frézier c. Pérard)

LA COUR, — Attendu que la seule et véritable question du procès est celle de savoir si le délai de trois jours imparti à Frézier, appelant par l'article 8, § 3 de la loi du 2 août 1884, est un délai franc ou un délai de rigueur strictement limité; — Attendu que les parties ne contestent pas que ce délai doive être augmenté de celui des distances, mais qu'elles sont en désaccord sur son point de départ; — Attendu que suivant les termes précis du § 3 de l'article 8, l'action doit être intentée dans les trois jours, à compter de la clôture du procès-verbal d'expertise, et que c'est avec raison que les premiers juges ont fixé la date de cette clôture au 1er juillet 1889; — Attendu, en effet, qu'il est facile

de se convaincre par la lecture **de ce document,**
qu'à dater de cette époque, l'expertise **était close et**
complètement terminée ; — Qu'elle renferme, **en**
effet, l'énoncé des opérations auxquelles s'est livré
l'expert, la mention des observations et des constatations techniques qu'il a faites, **et les conclusions**
quelles lui ont suggérées et qu'il a cru devoir définitivement adopter ; — Attendu qu'il est impossible
d'admettre, ainsi que le soutient Frézier, **que la**
clôture de l'expertise ne date que du jour de la remise du **procès**-verbal par l'expert en ses **mains,**
puisqu'en retardant à volonté cette remise, l'expert
pourrait éterniser ainsi une procédure qui, par sa
nature, a un caractère d'urgence incontesté ; —
Attendu que l'esprit et le texte même de la loi du
2 août 1884 ne permettent pas d'hésiter sur la nature et le caractère du délai imparti par l'article 8 à
l'acheteur pour intenter son action ; — Attendu que
la pensée du législateur, manifestée dans les travaux préparatoires de la loi, a été de mettre **un**
terme rapide à des contestations multiples qui, fa-
ciles à **résoudre** au début, deviendraient de plus en
plus **complexes** et souvent insolubles, si l'action en
responsabilité n'était resserrée dans des limites
étroites et dans des délais courts et bien déterminés ; — Attendu que les dispositions de l'article 1033 C. proc. civ. ne visant qu'une série
d'actes ou exploits spécialement énumérés, ne
peuvent recevoir leur application dans la cause,
mais qu'il **faut** aller chercher la solution de la ques-

tion dont la Cour est saisie dans le texte même de la loi **du 2 août 1884** et surtout dans la comparaison des articles 5, 6 et 7, que les délais pour intenter l'action rédhibitoire et provoquer l'expertise, seraient des délais francs, se borne dans l'article 8, § 3, à édicter que l'action, dans ce cas où, comme dans l'espèce, le vendeur a été appelé où représenté à l'expertise, pourra être signifiée dans les trois jours à compter de la clôture du procès-verbal d'expertise ; — Attendu qu'il est manifeste que le législateur en ne reproduisant pas, dans l'article 8, l'énonciation relative **à la franchise** du délai contenue dans les articles **5**, **6** et 7, a entendu, par cela même, exclure **cette franchise** de celui qui est organisé par l'article **8, et** qu'en **renfermant** dans une limite de trois jours, l'exercice de l'action de l'acheteur, il a par un argument *a contrario* clairement indiqué qu'en dehors de cette limite, l'action n'était pas recevable ; — Attendu en résumé, que le point de départ du délai fixé par la loi étant la clôture de l'expertise, et ce délai, augmenté de celui des distances, étant de sept jours à partir du 1er juillet, date de la clôture du procès-verbal d'expertise, l'assignation délivrée le 9 juillet 1889 à Pérard, à la requête de Frézier, était tardive et que, dès lors, son action doit être déclarée non recevable ;

Par ces motifs, — **Confirme,** etc. (S. 1890 ; 2, 153.)

Nota. — **D'après l'article 8 de la loi du 2 août**

1884 l'acheteur qui a appelé son vendeur à l'expertise est autorisé à ne former sa demande que dans les trois jours qui suivent la clôture du procès-verbal des experts.

Nous avons exposé, page 132, n° 195, que ce délai n'était pas franc et qu'en conséquence, la demande ne pouvait pas être valablement signifiée le quatrième jour.

L'arrêt de la Cour d'appel de Nancy partage notre opinion et déclare, comme nous l'avions dit, que ce délai de trois jours n'est pas franc.

L'arrêt ajoute que le point de départ de ce délai est le jour de la clôture du procès-verbal des experts et non celui auquel ils auraient remis leur procès-verbal au demandeur.

Les termes exprès de l'article 8 devaient faire adopter cette solution.

On ne s'explique même pas que le jour de la remise par les experts de leur procès-verbal ait pu être envisagé comme pouvant servir de point de départ du délai.

Le procès-verbal en effet est un rapport d'expert qui, comme tous les autres rapports, doit, ainsi que nous le disons page 87, n° 147 et page 135, n° 200, être déposé au greffe de la juridiction d'où émane la nomination des experts.

Le rapport est un document judiciaire intéressant toutes les parties au procès, et il est inadmissible qu'il puisse être remis à l'une d'elles, sans aucune garantie pour sa conservation.

TRIBUNAL CIVIL DE CORBEIL

(JUGEANT COMMERCIALEMENT)

3 AVRIL 1890.

*Les princides du droit commun sont, en matière de vices
rédhibitoires, applicables à l'espèce bovine.*
*Il y a lieu, notamment, de faire l'application de ces prin-
cipes à l'achat, pour la production du lait, d'une vache
qui est impropre à cet usage.*

(Fortin c. Labro.)

LE TRIBUNAL, — Attendu que Fortin a vendu à
Labro une vache laitière; que cette vache est arrivée le 11 août 1889 chez Labro, dans un état d'épuise-
ment tel qu'elle n'a pu fournir la moindre quantité
de lait; qu'elle a dû être soumise à un traitement indiqué par Fortin lui-même, et que, malgré les soins
donnés, elle est morte le 25 août suivant des suites
de l'affection intestinale chronique dont elle était
certainement atteinte, au moment de la vente, à la
connaissance du vendeur, ainsi que cela résulte d'un
certificat délivré par Savary, vétérinaire, et des renseignements fournis au Tribunal; — Attendu que
dans ces circonstances Labro ne peut être tenu de
payer le prix réclamé; que sa résistance a son principe dans les règles du droit commun; que, d'ail-

leurs, **Fortin lui a** livré une autre vache dont le prix a été réglé, sans que le vendeur ait, préalablement exigé le paiement du prix de la première ;

Par ces motifs, — Déclare Fortin mal fondé en **sa** demande, l'en déboute, le condamne aux dépens. — (*Gazette du Palais*, n° du 6 juillet 1890).

Nota. — Ce jugement fait l'application des **principes** que nous avons exposés page **14** à **16**, n° **40** et page **168** à **180**, nᵒˢ **249** à **250.**

TRIBUNAL DE COMMERCE DE NOGENT-LE-ROTROU

9 mai 1890

La loi du 2 août 1884, qui limite pour les espèces cheva-
line, ovine et porcine, les cas où le vendeur est tenu
de l'obligation de garantie à raison des vices rédhibi-
toires, ne s'applique pas à l'espèce bovine.

En conséquence, l'individu qui a vendu un animal de
cette espèce atteint d'un vice tel que le prévoit l'article
1641 du Code civil, est obligé à la garantie et ne peut,
pour s'y soustraire, invoquer les dispositions de la loi
du 2 août 1884.

(Menant c. Massot.)

Le Tribunal, — Attendu que le sieur Menant poursuit le sieur Massot père devant le Tribunal de No-
gent-le-Rotrou en remboursement d'une somme de
200 francs représentative du prix d'une vache à lui
vendue le 4 février 1890, sur le marché de La Loupe,
par le fils Massot pour le compte de son père ; qu'il
demande également le paiement d'une somme de 35
francs, montant de divers frais occasionnés par les
conséquences imprévues de ce marché ; qu'il solli-
cite enfin du Tribunal qu'il lui soit alloué 50 francs
à titre de dommages-intérêts ; qu'à l'appui de ses
prétentions Menant allègue qu'à Dreux, où la vache

aurait été expédiée par le sieur Girard, auquel il l'avait revendue le même jour, ladite vache a été reconnue atteinte de phtisie tuberculeuse et abattue sur-le-champ d'après les ordres du vétérinaire du service sanitaire ; — Attendu que, de son côté, Massot père demande que Menant soit déclaré non recevable et mal fondé en sa réclamation ; que, pour résister à l'instance dont il est l'objet, il se retranche derrière les articles 1er et 12 de la loi du 2 août 1884 ; que d'abord il soutient que l'article 1er, relatif à l'action en garantie dans les ventes ou échanges d'animaux domestiques, ne fait pas exception en ce qui concerne ceux de l'espèce bovine ; que, dès lors, les dispositions subséquentes visent tous les animaux domestiques quels qu'ils soient ; qu'elles énumèrent les vices rédhibitoires qui peuvent affecter certaines espèces d'animaux et que les autres espèces sont, à moins de dol manifeste de la part du vendeur, réputées exemptes de tout vice rédhibitoire caché ou apparent ; qu'en outre, pour affirmer que la nouvelle loi peut également être invoquée à l'occasion d'un marché concernant un animal de l'espèce bovine, Massot père s'empare de l'article 12, lequel abroge dans son § 1er les règlements imposant une garantie exceptionnelle aux vendeurs d'animaux destinés à la boucherie et, dans son § 2, la loi du 20 mai 1838 visant également les animaux de l'espèce bovine ; — Attendu enfin que, pour démontrer le bien fondé de ses prétentions, Massot père observe que la vache en question n'a pas été vendue par lui comme marchandise destinée à l'alimentation publique, mais comme vache d'herbe ; qu'en effet (ce qui ne pouvait laisser aucun doute à l'acheteur), elle était, ainsi que l'a qualifiée le vétérinaire-expert, « d'une maigreur qui ne laissait rien à désirer » ; — Attendu que le sieur Quentin intervient dans l'instance ; qu'il demande qu'il lui soit donné acte de ce qu'il prend fait et cause pour Massot père auquel il reconnaît avoir vendu la vache litigieuse, mais qu'il s'élève à son tour contre la réclamation de Menant en venant soutenir que la vache dont s'agit n'a pas et ne pouvait pas, vu son état d'extrème maigreur, être vendue comme animal destiné à la consommation ; qu'il oppose également qu'aucun des éléments de nature à faire présumer la vente d'un animal de boucherie ne se rencontrant dans l'espèce, c'était à Menant, sous-acquéreur de la vache, à faire la preuve d'une garantie **expresse** ou tacite, preuve qu'il n'a même pas offerte ;

En droit : — Attendu qu'il est de principe que l'obligation **de** garantie est si expressément imposée au vendeur qu'elle existe sans qu'elle ait été stipulée, alors même qu'il n'aurait pas connu les vices cachés et aurait été par suite de bonne foi ; qu'il n'en est affranchi que s'il a stipulé qu'il ne serait obligé à aucune garantie ; qu'une convention formelle ou une disposition spéciale et exceptionnelle peut seule y porter atteinte ; — Attendu que cette exception se présente pour les espèces chevaline, ovine et porcine, dans la loi du 2 août 1884, qui limite pour ces trois

espèces d'animaux les **vices rédhibitoires; qu'il est**
inexact que cette exception s'applique à l'espèce **bo-**
vine, la loi de 1884 ne pouvant, **comme d'ailleurs**
toute loi d'exception, être étendue ; **que, pour inter-**
préter l'article **1er** de ladite loi, on doit se **reporter**
aux articles subséquents, lesquels **ne parlent pas des**
animaux de cette dernière **catégorie ; que, quant à**
l'article 12, il ne s'occupe, dans **son § 1er, de l'es-**
pèce bovine que pour abroger **les arrêts ou règle-**
ments émanant du Parlement de **Paris qui avaient**
conféré aux marchands bouchers de la capitale **une**
garantie exceptionnelle ; que cette **abrogation a eu**
pour résultat de placer ces marchands **bouchers**
pour leurs achats sous le régime de droit **commun ;**
mais que, quant aux marchands **bouchers de la pro-**
vince, pour lesquels rien n'a été modifié, **ils conti-**
nuent, comme sous la loi de 1838, **à être régis par**
ce même droit commun ; que de même on ne saurait
tirer argument du § 2 de l'article 12 ; qu'il reproduit
la disposition transitoire, pour ainsi dire de style,
que l'on trouve à la fin de toutes les lois spéciales,
et que, d'ailleurs, cette disposition, aussi bien que
toutes **les autres de la loi de 1884,** ne peut concerner
que les **trois** espèces d'animaux dont elle s'occupe ;

En fait : — Attendu qu'il n'est contesté ni par
Massot père ni **par** Quentin que la vache litigieuse
fût atteinte d'un vice tel que le prévoit l'article 1641
du Code **civil ; —** Attendu de plus qu'il n'est ni établi
ni même articulé par Massot père qu'au moment de
la vente faite par **son** fils, celui-ci ait formellement

déclaré à Menant de ne pas prendre à sa charge les vices cachés; que telle a été si peu son intention de s'exonérer de toute responsabilité, qu'aussitôt qu'il a connu le résultat de l'expertise faite à **Dreux** il est entré en pourparlers avec Quentin de **qui il tenait** la vache dont s'agit; qu'à la suite de ces **pourparlers** il a fait savoir au demandeur que Quentin était disposé à rembourser le montant de la vente ainsi que les frais déjà engagés; qu'il est même allé **jusqu'à** dire à Menant qu'il ne se refusait pas à restituer personnellement la valeur de la vache; — Attendu que dans ces conditions Massot père est à présent mal venu à chercher à se soustraire vis-à-vis de Menant à une responsabilité qu'il n'a pas, de prime abord, nullement contestée; que l'action rédhibitoire a donc été à juste titre intentée par Menant, et que le chiffre des dommages-intérêts par lui réclamés n'est pas exagéré; que, quant à Quentin, il n'a pas demandé à prouver qu'au moment de la vente par lui faite à **Massot** il ait fait la moindre réserve au sujet de la garantie découlant de la loi elle-même pour tout vendeur; qu'il doit, par suite, garantir Menant de toutes les conséquences de la vente qu'il lui a faite;

Par ces motifs, — Condamne Massot père à payer à Menant la somme de 200 francs, prix de la vache par lui vendue le 4 février 1890; celle de 35 francs pour divers frais et celle de 50 francs à titre de dommages-intérêts; — Le condamne également en tous les dépens, à l'exception toutefois de ceux exposés par le demandeur à l'égard de Massot fils, ces derniers frais devant rester à la charge de Menant, l'instance ayant été introduite irrégulièrement contre lui ; — Donne acte à Quentin de ce qu'il **prend fait et cause** pour Massot père et dit **qu'il sera tenu de** garantir ce dernier des condamnations ci-dessus énoncées. (*Gazette du Palais*, n° du 4 juin 1890.)

Nota. — Ce jugement fait l'application des principes que nous avons exposés **p. 14 à 16, n° 40 et p. 168 à 180, n°s 249 et 250.**

TRIBUNAL DE COMMERCE D'ARRAS

8 JUILLET 1890.

Les honoraires dus à un vétérinaire pour les soins donnés
aux animaux, sont des frais faits pour la conservation
de la chose et constituent ainsi une créance privilégiée
(art. 2102 du Code civil, § 3).
En conséquence, les honoraires doivent être en matière de
faillite, admis par privilège, à la condition toutefois,
que les animaux qui ont été l'objet des soins existent au
jour de l'ouverture de la faillite et fassent partie de
son actif.

(Patoir c. faillite D...)

Attendu que Patoir réclame son admission par
privilège au passif de la faillite, aux termes de l'article 2102, § 3, du Code civil, pour la somme de
... francs; — Attendu que Patoir ne réclame le privilège que pour les soins donnés aux animaux par
lui traités qui existaient et se retrouvaient encore
dans l'actif de la faillite D... au jour fixé pour son
ouverture; — Attendu que les frais faits pour la
conservation de la chose figurent parmi les créances
privilégiées de par la loi; — Que par le mot frais,
il faut entendre toutes les dépenses ou avances faites
dans le but de conserver la chose, qu'il s'agisse d'un
animal ou d'un objet inanimé; — Attendu que le

vétérinaire appelé auprès d'animaux malades. contribue par ses soins à rendre la santé à ces animaux et conserve par ce fait une chose d'une valeur importante à la masse des créanciers ; — Que ses honoraires peuvent être considérés à bon droit comme des frais faits pour la conservation de la chose ; — Attendu que l'article 2102 ne fixe pas de limite à la durée du privilège.

Par ces motifs, — Le tribunal, tient la créance Patoir pour vérifiée, ordonne que Patoir sera admis à la faillite **du** sieur D... : 1° par privilège pour la somme de ... francs ; 2° au marc le franc pour la somme de ... francs. (*Gazette du Palais*, n° **du 1er mars 1891**.)

Nota. — Ce jugement vient s'ajouter aux décisions que nous avons citées (p. 108 à 110) et consacrer la doctrine qu'après l'éminent directeur de la *Presse vétérinaire* nous avons exposée et soutenue (p. 108 à 111).

On remarquera que le jugement **du tribunal de** commerce d'Arras fait très nettement ressortir, comme nous l'avions dit, p. 111. que le privilège s'exerce quelle que soit l'époque à laquelle les soins ont été donnés.

Bien que le jugement du tribunal de commerce d'Arras ne vise que des soins donnés par le vétérinaire, le principe qu'il consacre s'appliquerait également à des médicaments fournis par le vétérinaire.

TRIBUNAL CIVIL DE PONTOISE

4 AOUT 1890.

La loi du 2 août 1884 n'ayant pas compris dans ses dispositions l'espèce bovine, la garantie des vices cachés est, pour cette espèce d'animaux, régie par le droit commun.

L'action en garantie résulte des articles 1641 et suivants du Code civil, elle a une existence propre et entièrement indépendante de l'action de dol organisée par la loi sur la police sanitaire des animaux.

(Lefort c. Delpuech).

LE TRIBUNAL, — Attendu que Lefort, bouvier à Sarcelles, a acheté au sieur Delpuech, nourrisseur audit lieu, le 26 avril dernier, une vache pour le prix de 270 francs versés comptant; — Attendu que Lefort, prétendant que l'animal dont s'agit était atteint de tuberculose généralisée, ainsi que le constate un certificat de l'inspecteur de la boucherie aux abattoirs de la Villette, en date du 28 avril dernier, demande au tribunal de condamner Delpuech à lui payer le montant du prix de cette vache, ses déboursés et aussi 50 francs à titre de dommages-intérêts; — Attendu que Delpuech prétend, d'autre part, que la loi du 2 août 1884, par son énumération limitative des vices rédhibi-

toires et des cas où ils donnent lieu **à garantie, a**
affranchi le vendeur d'un animal de race bovine **de**
toute responsabilité à cet égard ; que ce vendeur **ne**
peut être actionné qu'après avoir été, au préalable,
condamné correctionnellement. pour avoir mis sciem-
ment en vente un animal atteint d'une des maladies
prévues par la loi du 21 juillet 1881 ; qu'il soutient,
d'autre part, que Lefort n'établit pas que la vache
atteinte de tuberculose généralisée, qui a été abattue par les soins du service sanitaire, soit celle
qu'il lui a vendue le 26 avril dernier ; — En ce qui
concerne le droit en garantie : — Attendu qu'aux
termes de l'article 1641 du Code civil, le vendeur
est tenu de la garantie, à raison des vices cachés de
la chose vendue qui la rendent impropre à l'usage
auquel on la destine ; qu'il ne peut être affranchi
de cette obligation que par une convention formelle
ou une disposition spéciale de la loi ; que, la loi
d'exception du 2 août 1884 n'ayant pas compris la
race bovine dans ses dispositions, c'est le droit
commun qui doit être applicable en l'espèce, ainsi
que l'admet, d'ailleurs, une jurisprudence devenue
constante ; que l'action résultant des articles 1641
et suivants du Code civil, qui atteint le vendeur de
bonne foi, a son existence propre et doit être considérée comme absolument indépendante de l'action
de dol régie par la loi du 21 juillet 1881 ; — En ce
qui concerne la question de savoir si c'est bien la
vache vendue par Delpuech à Lefort qui a été reconnue atteinte de tuberculose généralisée : — At-

tendu que Lefort articule et offre de prouver tant par titres que par témoins que, le 26 avril 1890, Delpuech lui a vendu une vache de race picarde, rouge, brune, âgée d'environ neuf à dix ans, qui était marquée P. N. ; que cette vache était atteinte de tuberculose généralisée ; qu'elle a été abattue par les soins du service sanitaire ; que le cuir en a été plombé, mis sous scellés et consigné aux abattoirs de la Villette ; — Attendu que les faits sont pertinents et admissibles ; qu'il y a lieu d'en ordonner la preuve.

Par ces motifs, — Autorise Lefort à prouver, etc. (*Gazette du Palais*, n° du 22 février 1891).

Nota. — Ce jugement fait l'application des principes que nous avons exposés, p. 14 à 16, n° 40 et p. 168 à 180, n°s 249 et 250.

COUR D'APPEL DE PARIS

11 DÉCEMBRE 1890

Est mal fondé en sa demande en dommages-intérêts contre un voyageur propriétaire de chevaux atteints de maladie contagieuse, communiquée à d'autres chevaux de ses écuries, l'hôtelier qui, chargé des soins à donner au cheval tombé malade, a négligé de faire vérifier son état par un vétérinaire diplômé, et n'a pas eu tout au moins la précaution d'isoler cet animal des autres, aussitôt que les symptômes de la maladie avaient dû le rendre suspect.

(Pelletret c. Pannard et Brillard)

LE TRIBUNAL, — Attendu que Pelletret **expose**, qu'au cours d'un voyage qu'il exécutait pour le compte de Brillard, Pannard a, le 18 décembre 1887, fait héberger en son hôtel les deux chevaux attelés à la voiture qui renfermait les collections d'échantillons lui appartenant; — Que l'un de ces animaux, entré à l'écurie en mauvais état de santé, puis déclaré suspect cinq jours après, enfin reconnu atteint, dès le 27 du même mois, d'une affection farcino-morveuse a été abattu le 29, suivant une ordonnance prise par le maire de la ville de Gray; — Attendu que le demandeur allègue que tous les bâtiments, servant à l'usage d'écuries dans son hôtel, auraient été contaminés par la maladie dont le germe venait d'y être apporté par le cheval servant à Pannard; — Qu'en conséquence, l'entrée en aurait été interdite à tous animaux; — Qu'en outre, après avoir été mis en observation, les quatre chevaux faisant le service de l'omnibus qui conduisait les voyageurs de son hôtel à la gare du chemin de fer, auraient également été reconnus atteints de la même maladie infectieuse et abattus; — Attendu que Pelletret prétend qu'en raison, soit de la perte résultant de l'abattage de ses propres chevaux et des travaux de réfection qu'il a du faire exécuter dans ses écuries, soit des conséquences des mesures administratives prises à son égard et ayant fait l'objet de publications par la voie des journaux, il aurait éprouvé un réel préjudice qui ne saurait être inférieur à la somme de 20.000 francs, et dont Pannard et Brillard, ès-qualité, doivent être déclarés civilement responsables, et devraient être obligés de lui tenir compte; — Mais attendu que Pelletret n'établit pas qu'à son arrivée à Gray le cheval appartenant à Pannard fût déjà atteint d'une maladie contagieuse ni que ce dernier en eût connu ou même soupçonné l'existence; — Que d'ailleurs, chargé de la garde de ce cheval et des soins à lui donner en l'absence de son propriétaire, il a eu recours aux conseils d'un empirique sans valeur qui n'a pas immédiatement reconnu la nature infectieuse de la maladie qui s'est affirmée quelques jours plus tard; — Qu'ainsi, en se privant du concours d'un vétérinaire diplômé, il a assumé une responsabilité d'autant plus grave qu'il n'a pu faire diagnostiquer le caractère du mal dont le cheval était atteint, ni, par suite, se conformer aux prescriptions de la loi relatives aux maladies contagieuses ; — Attendu, au surplus, qu'il ressort des faits de la cause que, prévenu dès le 23 décembre, que le cheval confié à ses soins était tout au moins suspect, Pelletret ne s'est nullement préoccupé de l'éventualité de la contagion qui pouvait se développer ; — Qu'il n'a même pas fait procéder à l'isolement de l'animal dont il avait accepté la garde, bien que cette précaution fût de celles que commandait la prudence la plus élémentaire ; — Qu'il ne peut dès lors s'en prendre qu'à sa propre négligence de l'état contaminé dans lequel se sont trouvées les écuries et de l'obligation où il a été de faire abattre ses propres chevaux ; — Qu'enfin il ne saurait d'autant moins arguer de manœuvre dolosive à la charge de Pannard, que le second cheval appartenant à ce dernier, après avoir été immédiatement séparé de son compagnon d'attelage, n'a été déclaré ni suspect ni contaminé après le délai réglementaire de sa mise en observation ; — Qu'à tous égards donc, Pelletret doit seul supporter la conséquence de l'imprévoyance insouciante avec laquelle il a agi, sans pouvoir en faire reporter la responsabilité sur les défendeurs ; — Qu'il convient de repousser les conclusions par lui prises à cet effet ;

Par ces motifs : — Le Tribunal, jugeant en premier ressort ; — Déclare Pelletret mal fondé en sa demande à l'égard de chacun des défendeurs, l'en déboute ; — Et le condamne, par les voies de droit, aux dépens, etc. (Trib. comm. Seine, 9 novembre 1888.)

Appel de ce jugement a été interjeté par M. Pelletret.

La Cour, sur les conclusions conformes de M. l'avocat général, a confirmé, par adoption de motifs, la décision des premiers juges avec amende et dépens. (*Gazette des Tribunaux*, n° du 7 janvier 1891).

Nota. — Ce jugement confirmé par la cour de Paris proclame avec raison le danger de s'adresser **aux** empiriques au lieu de s'adresser aux vétérinaires diplomés pour les soins à donner aux animaux.

Cette funeste habitude qui on la vu par le jugement, a produit les conséquences les plus désastreuses, a été élevé à la hauteur d'une faute rendant l'hôtelier responsable du grave préjudice qu'il a éprouvé.

TRIBUNAL DE COMMERCE D'ISSOIRE

10 FÉVRIER 1891.

*Les sommes dues aux vétérinaires pour **soins donnés et** médicaments fournis constituent une **créance privilégiée** sur le prix des animaux, objet des **soins.***

(Roussel c. Sayet.)

Attendu que Roussel, vétérinaire, **demande son admission** à titre de privilège, en vertu de l'article 2102 du Code civil, en paiement d'une somme de 203 fr. 15 qui lui serait due par le syndic de la faillite Royer-Terrisse pour visites, médicaments et **soins donnés à six chevaux** dénommés, qui ont été vendus à **la requête** dudit syndic ; attendu que le syndic Sayet **offre l'admission à la faillite** comme créance chirographaire et lui refuse le titre **de privilège dont** Roussel entend se prévaloir ; attendu **que le syndic** base encore son refus sur ce que **Roussel aurait dû** tout au moins former opposition lors **de la vente** des chevaux et prévenir par **ce moyen, toute** distribution de fonds destinés à **payer** d'autres privilèges ; attendu que le principe du privilège réclamé par Roussel est **aujourd'hui** absolument reconnu en jurisprudence, par application du § 3 de l'article 2102 du Code **civil** ; qu'il est constant aussi que ce privilège ne peut et ne doit s'exercer que sur les animaux existant au moment de l'ouverture de la faillite et qui ont été conservés et vendus au profit de la masse des créanciers ; attendu que, dans l'espèce, la note de Roussel remontant au 18 novembre 1884, s'élève au total de 495 fr. 25 ; qu'un acompte de 202 fr. 10 qui n'est pas contesté a été versé ; qu'il doit être imputé à la partie la plus ancienne du compte général, ce qui le réduit à 203 fr. 15, somme réclamée par Roussel ; attendu que cette imputation sur les plus anciennes visites ou fournitures a pour effet de faire porter la demande actuelle de Roussel à peu de choses près, sur les seuls soins donnés pendant l'année qui a précédé la faillite ; attendu que ce reliquat de note 203 fr. 15 doit à son tour se diviser en deux parties : la première, s'appliquant aux soins apportés exclusivement aux chevaux vendus par le syndic et sur le prix desquels doit s'exercer le privilège, note s'élevant à 145 fr. ; la seconde de 58 fr. 15 se constitue par des médicaments et des soins s'appliquant au contraire à des animaux autres que ceux objet de la vente opérée comme il a été dit et pour lesquels Roussel reste créancier ordinaire : attendu enfin que le tribunal repousse la prétention élevée par le syndic qu'une opposition aurait dû être pratiquée au moment de la vente des chevaux, et qu'il ne saurait considérer Roussel de ce fait déchu du droit d'exercer son privilège ; par ces motifs, le tribunal condamne par les voies de droit le syndic de la faillite Royer-Terrisse à payer et porter à Roussel la somme de **145 fr.** pour les causes qui ont été énoncées. Dit que **Roussel** sera admis comme créancier ordinaire à l'actif de la faillite pour la somme de 58 fr. 15, condamne le syndic aux dépens (*La Presse vétérinaire*, **année 1891, p. 86**).

Nota. — **Ce jugement vient confirmer la doctrine** qui avait été consacrée par la décision du tribunal de commerce d'Arras, rapportée p. 87, et les autres jugements que nous avons cités p. 108 à 111.

Il y ajoute ce que nous avons dit en note sous ce jugement : que le privilège s'appliquait aussi bien aux médicaments fournis par le vétérinaire qu'aux soins qu'il a donnés.

Cette jurisprudence constante qui s'affirme chaque jour est la juste récompense des travaux de M. Garnier, le directeur si autorisé de la *Presse vétérinaire,* qui le premier a revendiqué ce privilège.

TABLE DES DÉCISIONS

CONTENUES ET INDIQUÉES

DANS LE SUPPLÉMENT

———

www.ingramcontent.com/pod-product-compliance
Lightning Source LLC
LaVergne TN
LVHW021226170726
843501LV00003B/678